大石正道 著
Masamichi Oh-Ishi

「生物」のことが一冊でまるごとわかる

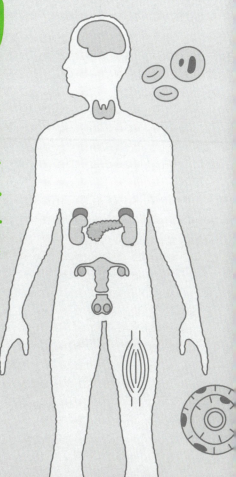
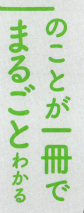

ベレ出版

● はじめに ●

　生物学の発展はめざましく、高校の生物の教科書が近年、大幅に改定されました。かつて生物といえば、ウニやカエルの発生、そして遺伝ではメンデルの法則から入るのが一般的でしたが、現在の教科書では、いきなり「体をつくる遺伝子」の話や「遺伝子組み換え」の話から入ります。従来の生物学のイメージはというと、動植物の形態をよく観察するところから始め、生物に十分に慣れ親しんでから、ショウジョウバエや粘菌など、ある特定の生物の研究に特化する、というものでした。しかし現在では、白衣を着て自由自在に遺伝子を切ったり貼ったりする分子生物学者が、生物学のイメージとなっています。また、生物学をめざす人の中には、目的意識が高く、将来は遺伝子組み換えで人類の食糧危機を解決するぞという人や、遺伝子治療で医学に貢献したいという人が増えています。

　生物学に関する知識は飛躍的に増加し、新しい情報がインターネット上に氾濫しています。しかし、内容の専門性が極めて高いために、その記事を見ても何のことかさっぱりわからない人が多いようです。さらに、専門家だけでなく一般の方も参入して、生物学に関してさまざまな説が飛び交い、知識の正当性に重みがないために、何が本当で何が間違っているのかがわからないこともあります。

　かつて生物を習った人は、今の高校の教科書を見て、昔の教科

書との違いにきっと驚かれることでしょう。つい最近まで、「生態系には生産者と消費者、それに分解者の３つのグループがいる」と説明されていましたが、現在の高校の教科書では、**分解者という言葉はなく、それは消費者の一部に分類される**ようになっています。また、遺伝における「**優性**」と「**劣性**」という表現は差別用語にあたるとして、日本遺伝学会では、それぞれ「**顕性**」と「**潜性**」とよび変えるように推奨しています。

　筆者は大学で生物学を教えていますが、学生に「インターネットを使って、○○について調べてください」といって、キーワード検索で調べてもらうことがあります。ところが、学生の検索画面を見て、自分が意図したことと異なるホームページが出てきて困ることがときどきあります。そんなとき、「学生が生物の基礎的な知識をもっていたら、こんなに違う方向へ話が行かないのだけれど」と思い、「生物の基礎をわかりやすく伝える本があればいいのに」と感じ、この本の執筆にいたりました。

　皆さんは、ごく単純に、「生命の起源は何か？」「自分の先祖はどこからきたのか？」「自分の体はどのようにしてできてきたのか？」など、自分の存在について知りたいことがあるかと思います。文系・理系を問わず、こういった基本的な疑問をおもちの方には、本書はきっとお役に立てるでしょう。

　本書では、どなたにも生物の基礎知識をわかりやすく理解して頂くために、教科書ではなかなか使えない「たとえ話」をもち出して、自分たちに身近な問題としてとらえてもらえるように工夫

をしました。また、「ゲノム」という言葉が随所に出てきますが、それを一か所にまとめるのではなく、それに近い話題が登場したら繰り返して書くようにして、大事なことは何度でも説明するようにしています。文章だけではわかりにくい場合は、図を見ただけでも理解しやすいように工夫しました。

　高校の生物の教科書のポイントがわからない方や、生物の世界をちょっとだけ垣間見たい方、そして自分のことが知りたい方などが、この本を手にとってくだされば、生物に関してこれまでずっと不思議に思ってきたことの答えがきっと見つかると思います。

2018 年 5 月吉日
大石 正道

CONTENTS

はじめに 3

第1章 生命が誕生して人類が現れるまで

1-1 生命はどこから来たか? 12
—— 地球で誕生?それとも宇宙から?

1-2 最初の生命はどのようなものだったか? 15
—— 外界と内部を仕切ることから生命は始まった

1-3 猛毒の酸素を薬に変えた生物の生存戦略とは? 17
—— 好気性細菌とミトコンドリアのはなし

1-4 古細菌は新しい? 21
—— 古細菌と真核生物のはなし

1-5 多細胞生物の登場 23
—— エディアカラ生物群のはなし

1-6 単細胞生物は単純ではない 26
—— 単細胞と多細胞の違い

1-7 カンブリア爆発とは? 29
—— 動物のボディプランのはなし

1-8 生物は何度も大絶滅の危機に直面してきた 32
—— 古生代、中生代、新生代の境目

1-9 生物が進化するというのは本当か? 34
—— ウイルスや微生物の薬剤耐性などの例

1-10 脊椎動物の進化 36
—— 最新のゲノム研究からわかったこと

1-11 恐竜は今も生きている? 39
—— トリは恐竜の生き残り

1-12 人類はどこで誕生したのか? 41
—— アフリカから発見される人類化石

第2章 細胞のしくみから個体の成り立ちまで

2-1 すべての生物は細胞からできている 46
—— 細胞の構造と機能

2-2 細胞には2種類ある 48
—— 原核細胞と真核細胞の違い

2-3 細胞の設計図を収納する図書館 50
—— 核のはなし

2-4 細胞の中の発電所 52
—— ミトコンドリアのはなし

2-5 細胞内の物質の通り道(小胞体とゴルジ体) 54
—— タンパク質の修飾(お化粧)

2-6	細胞の中には骨がある?	56
	——細胞骨格の働き	

2-7	細胞はどのようにして全く同じ2個の細胞に分かれるか?	59
	——細胞分裂のはなし	

2-8	最近明らかになった染色体の構造	61
	——大型放射光施設 Spring8 による研究成果	

2-9	細胞が集まって組織になる	63
	——動物と植物の組織の違い	

2-10	器官から器官系へ	67
	——どうして植物には器官系がないのか?	

2-11	心臓はどうして左側にあるのか?	69
	——レフティーという遺伝子の働き	

せいぶつの窓 動物学と植物学では、スケッチの流儀が違う …… 71

第3章 生体を構成する物質

3-1	どうしてケイ素を含む生物種は少ないか?	74
	——生体を構成する原子の特徴	

3-2	生命活動のエネルギー源	77
	——炭水化物のはなし	

3-3	生命活動を行なう主役	79
	——アミノ酸とタンパク質のはなし	

3-4	生命の設計図とそのコピー	82
	——DNA と RNA のはなし	

3-5	体内に含まれるあぶらは何をしているのか?	86
	——細胞膜を構成する脂質のはなし	

3-6	どうして私たちの体は金属元素を必要とするのか	88
	——生体の微量元素の話	

3-7	エネルギー通貨とよばれる物質	90
	——ATP のはなし	

3-8	ホルモンとは何か?	92
	——細胞間のコミュニケーション	

3-9	植物にもホルモンがある?	96
	——植物ホルモン:オーキシンやジベレリン、花成ホルモンのはなし	

せいぶつの窓 快楽物質とはどのようなものか? …… 99

第4章 遺伝子とDNAの正体をさぐる

4-1	親から子へ何が伝わるのか	102
	——メンデルが発見した遺伝子とは?	

4-2	遺伝子の実体は何か?	106
	——DNA が遺伝子の本体である証拠	

4−3	ハエの研究がヒトの研究に役立つ ……………………… 108
	──体づくりのホックス遺伝子の発見
4−4	遺伝子を切ったり貼ったりする方法 ………………… 111
	──遺伝子組み換えの基礎知識
4−5	遺伝子組み換え作物の現状 ………………………… 113
	──GMOの利点と欠点
4−6	新しい遺伝子組み換え技術 ………………………… 116
	──ゲノム編集
4−7	遺伝子を短時間で大量に増やす方法 ……………… 118
	──PCR法の原理
4−8	遺伝子の塩基配列決定法 …………………………… 120
	──DNAシークエンシング
4−9	ヒトゲノムとは何か? ……………………………… 123
	──ヒトゲノム計画がもたらした恩恵
4−10	日本人はどこから来たか? ………………………… 126
	──遺伝子から探る先祖がたどった道筋
4−11	日本人の多くがお酒に弱いわけ …………………… 129
	──アルデヒド脱水素酵素2型 ALDH2 の多型について

第5章 動物の発生のしくみ

5−1	前成説と後成説の論争 ……………………………… 134
	──遺伝子が発見されるまで
5−2	細胞の全能性とは何か? …………………………… 136
	──失った全能性を初期化する技術
5−3	受精卵から胚ができるまで ………………………… 138
	──ウニの発生とカエルの発生
5−4	心臓は心臓の細胞どうし、肝臓は肝臓の細胞どうしが
	集まって組織をつくるのはどうしてか? ………… 141
	──カドヘリンの話
5−5	細胞の運命はどのようにして決まるのか? ……… 144
	──オーガナイザーの正体
5−6	前と後ろ、背中とお腹の方向性はどのようにして決まるのか? …… 148
	──前後軸・背腹軸を決める遺伝子
5−7	体節構造をつくる遺伝子 …………………………… 151
	──ハエとヒトとで共通する体節構造形成遺伝子のはなし
5−8	手足はどのようにしてつくられるのか? ………… 153
	──肢芽の細胞はどのようにして自分の位置を知るのか?
5−9	クローン羊「ドリー」の誕生とクローン人間 …… 155
	──体細胞クローンのつくり方
	せいぶつの窓 iPS細胞の誕生 ──体細胞に人工的に遺伝子を入れるという荒わざ …… 158

第6章 生命維持のしくみ ——代謝・発酵・光合成

6-1 代謝とは何か? ································· 162
——体内での物質代謝とエネルギー代謝

6-2 酵素とは何か? ································· 164
——酵素が生体触媒といわれるのはなぜか?

6-3 呼吸には2通りがある? ······················ 166
——外呼吸と内呼吸の違い

6-4 発酵とは何か? ································· 171
——酸素を用いない異化の代謝系

6-5 ホタルイカはどのようにして光るのか? ·········· 173
——生物発光のしくみ

6-6 植物はどのようにして栄養分を手に入れるのか? ··· 175
——光合成のしくみ

6-7 空気中の窒素を生体内にとり込むしくみ ·········· 178
——窒素固定のはなし

せいぶつの窓 光がなくても有機物を合成できる生物のはなし——化学合成のはなし ··· 180

第7章 生物の反応と調節のメカニズム

7-1 筋肉はどのようにして縮むのか? ················ 182
——筋肉の構造と筋収縮のしくみ

7-2 神経はどのようにして興奮を速く伝えることができるのか? ······· 185
——神経の興奮と跳躍伝導のはなし

7-3 音の刺激はどのようにして脳に伝わるか? ········ 189
——音の聞こえるしくみ

7-4 光の刺激はどのようにして脳に伝わるか? ········ 192
——ものの見えるしくみ

7-5 においを感じるしくみ ·························· 196
——嗅覚のしくみ

7-6 味を感じるしくみ ····························· 198
——舌の構造と味覚のはなし

7-7 磁力を感じるしくみ ···························· 199
——磁性細菌と渡り鳥のはなし

7-8 脳を調べる2つのアプローチ ··················· 200
——神経ネットワーク研究と脳の画像解析

7-9 ブルーライトは生物時計を狂わせる ·············· 204
——生物時計のしくみ

せいぶつの窓 動物には第六感はあるのか?
——サメのロレンツィーニ器官とヘビのピット器官 ··········· 206

第8章 生物の多様性と絶滅危惧種

8-1 どうして世界にはたくさんの生物種がいるのか？ ……………… 208
——生物の多様性

8-2 生物学ではどうして人間のことを「ヒト」とカタカナで書くのか？ …… 211
——学名と和名のはなし

8-3 生物の世界には動物と植物の他に第3の生物がいる …… 214
——菌類のはなし

8-4 近い将来、ウナギが食べられなくなる？ ……………… 217
——絶滅危惧種とは何か？

8-5 ワシントン条約とは何か？ ……………………………… 220
——絶滅危惧種を絶やさないために

8-6 罰金の最高額は1億円？ ………………………………… 222
——種の保存法の罰則強化

8-7 外国からやってきた危険な生物たち ………………… 224
——外来種のはなし

せいぶつの窓 最悪の外来生物ヒアリが日本に侵入した …… 227

8-8 絶滅が心配される野生生物を増やすための秘策 …… 228
——オスとメスひと組だけではゴリラは繁殖できない

8-9 生物の多様性を守る秘策 ……………………………… 230
——北極圏の種子貯蔵施設

せいぶつの窓 話題の生物種 ——世界一小さいカメレオンなど …… 232

第9章 生物は環境の中でどう生きているか

9-1 生態系を構成する生産者と消費者 ……………………… 234
——エコシステムとは何か？

9-2 ハビタットとニッチとは何か？ ………………………… 237
——わかりにくい生態学用語を解きほぐす

9-3 植物は動物よりがまん強い …………………………… 240
——最新のゲノム研究から探る植物の生存戦略

9-4 生態系にはピラミッドがある？ ……………………… 242
——生産者と消費者の関係

9-5 生活環境の良さがその生物の運命を決める ………… 244
——最適密度のはなし

9-6 どうして深海にもぐるアザラシの行動パターンがわかるのか？ …… 246
——バイオロギングのはなし

9-7 汚染物質の生物濃縮 …………………………………… 248
——環境ホルモンとは何か？

9-8 壊れた生態系を回復させるには？ …………………… 250
——理想的なビオトープのはなし

さくいん ……………………………………………………… 254

第1章 生命が誕生して人類が現れるまで

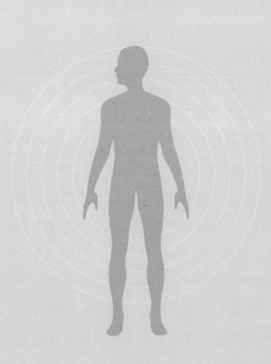

1-1 生命はどこから来たか？

——地球で誕生？それとも宇宙から？

「自分たちの祖先はどこから来たか」という疑問を何度も何度も問い続けていくと、最後には「生命はどこから来たのか」という疑問にぶつかります。地球上で誕生したという説もありますし、宇宙から来たという説もあります。科学者たちは、さまざまな知識や証拠、それに経験や実験などを通して、本当のことを知りたいと努力してきました。

生命の起源に関しては、大きく分けて3つの考え方があります。<u>第一に神がつくったという考え</u>、<u>第二に地球上で単純な化学物質が長い年月をかけて複雑な物質に変化していき、生命が誕生した</u>というもの、<u>第三に地球外からやってきた</u>という考え方です。第一の考え方は科学の領域を超えてしまうので、ここでは議論するのをやめ、第二と第三の考え方についてお話ししたいと思います。

私たち生物は、主に炭素や酸素、水素や窒素を含む化合物からできています。これらの元素は空気や水に含まれていますから、これらの物質が複雑な過程を経て、生命が誕生したという考え方があります。18世紀には、生物に含まれる物質を生物にしか合成できない特別な物質と考え、鉱物と区別するために、前者を有機物、後者を無機物とよんでいました。しかしその後、アミノ酸

のような**単純な有機物は生物の働きがなくても合成できることがわかったため、有機物は特別な物質ではなくなりました**。現在では、有機物は炭素を含む化合物のうち、二酸化炭素や炭酸ナトリウムのような単純な物質を除いたものと定義されています。

　このように、有機物が人工的に合成できるなら、自然界でも簡単な有機物は合成できると考えた科学者がいました。アメリカのノーベル賞化学者ハロルド・ユーリーは、「原始地球の大気は、水、メタン、アンモニア、水素が含まれる還元的（分子状の酸素がほとんど存在しない状態のこと）な環境にあった」と考えていました。1953年に、当時シカゴ大学の大学院生だったスタンリー・ミラーは、ユーリーの指導のもと、実験を行なって、**実際に簡単な有機化合物が人工的に合成できることを証明しました**。すなわち、フラスコ内にこれらの気体と水を入れておき、下からバーナーで加熱して水分を蒸発させます。それからつながった別のフラスコ内で落雷を模した放電を行ない、その先の管で冷却しても

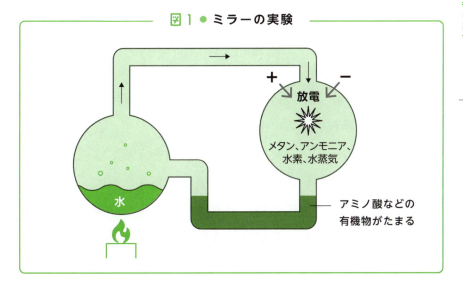

図1 ● ミラーの実験

とのフラスコに戻します。それを連続して繰り返し、1週間ほど続けたところ、フラスコ内の溶液はしだいに茶色っぽくなってきました。そこで、この溶液に含まれる成分を調べたところ、タンパク質の部品となるアミノ酸が何種類もできていたのです。その後、このような実験によって、アミノ酸だけでなく、核酸の成分であるプリンやピリミジン、ATP（アデノシン三リン酸、本書3－7節参照）の要素でもあるアデニンの合成も確認されました。

　その後、地球物理学の進展により、原始地球の大気はミラーの実験で行なわれた還元的な環境にはなく、二酸化炭素などの多い酸化的環境にあったことがわかりました。しかし、現在の深海にある熱水噴出孔では、ミラーの実験と似たような環境があり、有機物が合成される可能性があることがわかってきました。ミラーの実験は、生命にとって重要な有機化合物が、生物の力を借りなくても合成できることがわかり、その後の研究の方向性を大きく変えていったのです。

　一方、アミノ酸などの有機化合物は、宇宙から飛来した隕石からも検出されることから、生命の起源は宇宙にあるのではないかと考える研究者もいます。

　実際、1969年にオーストラリアに飛来したマーチソン隕石の内部から何種類ものアミノ酸が発見されたのです。さまざまな分析の結果、これらのアミノ酸は地上の生物由来ではなく、宇宙から来たことが証明されました。その後、炭素を含む隕石から次々とアミノ酸が検出されており、アミノ酸のような簡単な有機化合物は、地球上で誕生した可能性と宇宙から飛来した可能性の両方が考えられるようになりました。

1-2 最初の生命はどのようなものだったか？

――外界と内部を仕切ることから生命は始まった

多くの科学者たちは、原始生命が地球上で誕生したと仮定した場合、どのようなシナリオが考えられるか、いろいろな説を考え出してきました。

ここでは、生物のもつ特徴について考えてみましょう。①生物はまず、**外界と内部の間が「細胞膜」で仕切られています**。つまり、外界と内部をへだてるしきりがあることにより、細胞の中の環境は周りの環境に影響されずに、一定の状態におけることができるのです。次に、②外界から物質をとり入れて、**細胞内でその物質を別の物質に変化させます**（それを代謝といいます。6-1参照）。そして化学変化によって生じるエネルギーを使って、細胞内のさまざまな生命活動に利用しています。一方、細胞内で不要になった物質は外界に放出します。そして、③生物のもつ特徴として何よりも重要なのが、**同じ個体をつくることができるシステムをもっている**ことです。生物はすべてDNAやRNAなどの遺伝物質をもち、自分と同じ姿、形を子孫に残すことができます（詳しくは、3-4をご覧ください）。

生物を外界から仕切る「細胞膜」は、どのような生物でも脂質

二重層膜という共通する構造をもっています。この構造は生物でなくても簡単につくることができます。すなわち、脂質などの有機物を水に加えると、リポソームとよばれる、内部に水を含んだ球状の構造をつくることができるのです。

　このリポソームのような構造に核酸の一種 RNA が組み込まれ、原始生命が生まれたのではないかという説が提唱されています。

　この説によると、まず最初に、脂質と水が混ざって、リポソームができ、それが長い年月の間に、①外界から生命活動に必要な物質をとり入れ、②物質を代謝し、③それが2つに分かれるときに、RNA を均等に分配することができるようになって、最初の生命が誕生したというのです。

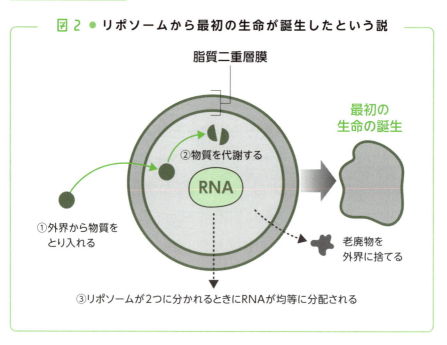

図2 ● リポソームから最初の生命が誕生したという説

1-3 猛毒の酸素を薬に変えた生物の生存戦略とは？

――好気性細菌とミトコンドリアのはなし

　私たちはいつも、酸素を吸って二酸化炭素を吐き出す「酸素呼吸」をしています。これは当たり前のことだと思われるかもしれませんが、地球上に最初に現れた生物にとって、酸素は猛毒な物質だったのです。じつは、酸素は、あらゆる物質の中でも反応性がきわめて高く、いろいろな化学物質を酸化する性質があります。このような酸素のもつ激しい性質のため、気体状の酸素は、最初に地球上に現れた生物にとって、あらゆる生体分子を酸化するきわめて有毒な物質だったのです。

　地球が誕生したのは今から約46億年前といわれていますが、最古の生命が誕生したのは、地球上に海が誕生してから間もない約40億年前だったと推測されています。しかし、この頃の地球にはオゾン層がなく、太陽から容赦なく紫外線が降り注いでいました。そのため、太陽光が届く地表や海面付近では、生物は生存できなかったと考えられています。すなわち、最初の生命は太陽光の届かない深海で誕生した可能性が高いといわれているのです。

　さまざまな細菌の遺伝子解析から、もっとも原始的な細菌は好熱性の性質を示すものが多く、しかも深海の熱水噴出孔から発見

された種類もいることから、生命の誕生に熱水噴出孔が関係していたのではないかと推測されています。

　生命が誕生した頃の地球上には、気体状の酸素がほとんど存在しなかったため、酸素呼吸をする生物はいなかったと考えられています。その代わり、酸素を使わずに有機化合物を分解する嫌気性細菌（酸素を嫌う細菌）がいたと想像されているのです。しかし、これらの生物が誕生した頃には、有機化合物はまだ少なかったため、自分で有機化合物を合成できる細菌が登場したと考えられています。これらの細菌は、水素、メタン、硫黄、アンモニアなどを酸化・還元して得たエネルギーを使って有機化合物を合成するため、化学合成細菌とよばれています。

　次の段階として、化学物質から得られるエネルギーの代わりに太陽光エネルギーを利用する光合成細菌が登場したと考えられています。そして、光合成を行なう生物の中に、原核生物※の藍藻（シアノバクテリア）もいたのです（※注：原核生物は、明確な核膜をもたない生物で、核膜や細胞小器官をもつ真核生物と区別して用いる用語。1－4参照）。

　2017年、カナダ・ケベック州北部の約40億年前の地層から地球最古の化石が発見されました。これは熱水噴出孔のまわりにいる今の微生物がつくる構造とよく似ているので、最初の生命が深海の熱水噴出孔の近くで誕生したとする説を支持する証拠と考えられています。

　また、オーストラリアの約34億5千万年前の地層からは藍藻のような微生物の化石が発見されています。約27億年前には藍藻が大量に発生し、光合成を行なって大気中の二酸化炭素を吸収

して大量の酸素を放出していきました。大気中に酸素が増えると、太陽から来る紫外線が酸素分子に当たってオゾンが形成され、次第にオゾン層が地表から上昇していくにつれて、地表に届く紫外線の量が減少していきました。こうして、地表には生物にとって有害な紫外線が減少したおかげで、深海でひっそりと生活していた生物が海面近くで生存できる環境が整っていったのです。

　海中や大気中の酸素濃度が増加し、ある段階に達した約20億年前に、細胞の巨大化が起こっています。この巨大化した細胞こそ、真核細胞だと考えられているのです。真核細胞には、核、ミトコンドリアや葉緑体など、細胞小器官とよばれるさまざまな構造があります。これらの構造はもともと別の細菌であったものが、大きな細胞の内部にとり込まれてそのまま残り、共生したと考えられています（細胞共生説）。

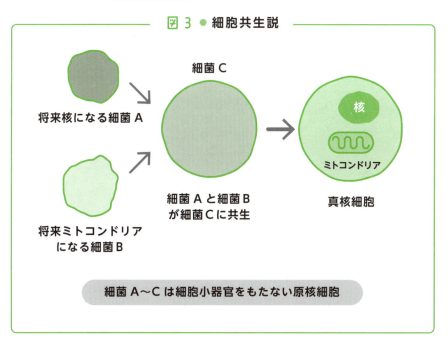

図3 ● 細胞共生説

たとえばミトコンドリアはその中に独特なDNA（ミトコンドリアDNA）をもっています。その塩基配列を他の生物と比較したところ、好気性細菌でリケッチア（細菌より小さく、ウイルスより大きい微生物）に近いαプロバクテリアがよく似ていたことから、この細菌がミトコンドリアになって別の細菌に共生したのだろうといわれています。

　細胞にとり込まれた酸素は細胞内を拡散して移動するため、大きな細胞では内部まで酸素が行き届かず、酸欠になりやすいという欠点がありました。ところが、細胞内にミトコンドリアという構造ができたおかげで、少ない酸素を有効に利用して多くのエネルギーが得られるようになり、細胞の巨大化に一役買ったといわれています。

　真核生物は、ミトコンドリアで積極的に酸素を使って生活活動のエネルギーを生産できるため、ミトコンドリアをもたない原核細胞よりもはるかに高い効率で運動や代謝を行なえるようになりました。生命が誕生した頃、生物にとって猛毒であった酸素が、生きるのになくてはならない生物の必需品になったのです。

1-4 古細菌は新しい？
―― 古細菌と真核生物のはなし

　先述したとおり、最初の生命は、細胞の構造が単純な原核生物だと考えられていますが、遺伝子解析が進むにつれて、原核生物は、真正細菌（バクテリア）と古細菌（アーキバクテリアまたはアーキア）という2つの大きなグループに分かれることがわかってきました。このうちどちらのほうが古いでしょうか。

　古細菌の多くは、高温の温泉や、塩分濃度が非常に高い塩水など、他の生物がとても生育できないような厳しい環境に住んでいます。このような環境は古代の地球環境に似ていたと想像されたことから古細菌という名前がつきました。古細菌というとふつうの細菌よりも進化的に古いもの、すなわち祖先系だと考えられがちですが、遺伝子解析によるとそういうことではなさそうです。最初に原核生物の中で真正細菌と古細菌が分かれ、さらに古細菌から真核生物が登場したようなのです。たくさんの細菌の遺伝子の類似性をもとに作成した系統樹を見

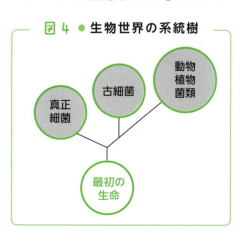

図4 ● 生物世界の系統樹

ると、古細菌が真核生物に類縁であることが一目瞭然です。

　古細菌は原核細胞に属しているため、真正細菌と同様に、明確な核膜で仕切られた「核」はありませんが、真核生物の核タンパク質であるヒストンH3、H4とよく似たタンパク質をもっています。これらのヒストンがDNAを巻き込んで安定化させ、真核生物のヌクレオソーム（2－3参照）に似た構造をつくります。

　また、原核生物にはなく、真核生物に特徴的だと思われていた遺伝子構造の一種「イントロン」が、古細菌でも見つかったことも古細菌が真核生物に近いという理由のひとつに挙げられます（イントロンは遺伝子の中にあって、DNAからmRNAには転写されますが、mRNAが成熟する過程で配列の中から切り出され、タンパク質への翻訳には必要のない部分のことを指します）。

　その他にも、DNA複製にかかわるタンパク質や、酵素のさまざまな性質、DNAからmRNAに転写されるしくみなどがよく似ており、古細菌と真核生物は、類似点が多いのです。

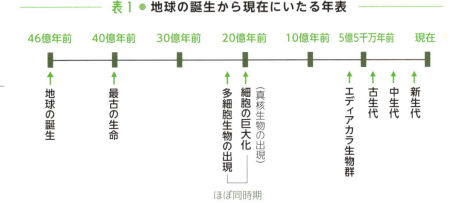

表1 ● 地球の誕生から現在にいたる年表

1-5 多細胞生物の登場

―― エディアカラ生物群のはなし

　地球上に最初に誕生した生物は「単細胞生物」であったと考えられていますが、それでは、いつ頃、複数の細胞から成る「多細胞生物」が登場したのでしょうか。

　最近の研究によると、**多細胞生物が出現したのは今から約22億年前のことだと想像されています**。その頃は、原核生物の藍藻（らんそう）が繁栄していた時代で、真核生物の化石はほとんど見つからない時代であったにもかからず、米国ミシガン州の先カンブリア時代の地層からとても珍しい化石として発見されたのです。その化石は、グリパニア・スピラリス（*Grypania spiralis*）と名付けられた真核生物の藻類で、細胞が細長い糸状につながった構造をしています。

　この生物が、単なるコロニー（群体）か、あるいは細胞が分業をした本当の意味での多細胞生物であるかは不明ですが、**真核生物が登場して比較的早い時期にこのような多細胞生物が出現したことは重要なことだ**と考えられます。というのも、今から約40億年前に最初の生物が出現して、約20億年前に細胞が巨大化し真核生物が登場するまでに20億年もかかったのに対し、真核生物の出現と多細胞生物の出現はほぼ同時期だからです。

しかし、多細胞生物の化石が多く見つかるのはそれからはるか後の地層からです。

1946年、オーストラリア・アデレードの北方のエディアカラ丘陵の6億〜5億5千万年前の地層から、大量の化石が発見されました。肉眼で確認できる生物化石としては、もっとも古い時代になります。これらの生物化石はエディアカラ生物群とよばれ、いずれも殻や骨格がなく、柔らかい組織だけでできていました。柔らかい組織なのに化石として残ったのは、海底に生活していた生物が泥流などによって一瞬のうちに海底の泥の中に封じ込められたからだと考えられています。

図5 ● エディアカラ生物群の推定復元図

エディアカラ生物群の生物の特徴は、体の厚さが数ミリから1センチほどしかないのに、大きさが数十センチから大きいものでは1mに達するものもあり、とても平たい体をもっていたことが挙げられます。しかし、これらエディアカラ生物群は、現在の地球上に存在するどの生物とも似ていないため、系統関係はよくわかっていません。また、捕食者の化石が見つからないことなどから、この頃はまだ食物連鎖〈食う―食われる〉の関係はなかったようです。この時代の生物界を、旧約聖書に登場する、争いのない平和な楽園「エデンの園」になぞらえて、「エディアカラの園」という人もいるようです。

　エディアカラ生物群はオーストラリアだけでなく、それによく似た生物の化石がカナダのニューファンドランド島やロシアの北西部白海の沿岸、中国など、現在では20か所以上の場所から発見されています。

　しかし、これらの生物群はいずれも、今から約5億4千万年前のカンブリア紀に入ると絶滅してしまったと考えられています。

　カンブリア紀には三葉虫のように固い外骨格をもつ動物が多くみられるようになり、エディアカラ生物群は捕食者に食べ尽くされたのだろうといわれています。

1-6 単細胞生物は単純ではない
―― 単細胞と多細胞の違い

　私たちは、単純な考えの人のことを「単細胞」などということがありますが、単細胞生物は多細胞生物に比べて劣っているのでしょうか。ここで、<u>単細胞生物と多細胞生物の違いについて考えてみましょう。</u>

　単細胞生物は、細胞が大きくなればなるほど細胞内に酸素が十分に届かなくなるので、物理的に細胞の大きさが決まってしまい、小型のままで大きくなれません。そのため、多細胞生物の餌になることもしばしばです。一方、短時間のうちにネズミ算式に増えることができるので、生育に適当な環境にさえいれば爆発的に増加することができます。

　単細胞生物がただ集まっただけのものがあります。それぞれの細胞が働きを分業していない場合、この細胞のかたまりをコロニー（群体）といい、多細胞生物と区別して扱うことがあります。

　ここでとり上げた「細胞の分業」とはどのようなことをいうのでしょうか。私たち、人間の体は約60兆個の細胞から成り立つといわれていますが、これらの細胞は、細胞がいる場所や働きの違いによってさまざまな姿かたちをしています。神経細胞は、外界からの刺激を脳にすばやく伝え、脳の刺激を筋肉にすばやく伝

えるために、とても細長い軸索をもっていますし、筋肉の細胞は、縮んだり伸びたりするために、細胞の中に収縮装置を備えています。また、赤血球は体のすみずみに酸素を運び、白血球は体に侵入するウイルスや細菌などの外敵を攻撃します。

こうしてみると、多細胞生物のほうが高等だと考えるのが一般的ですが、現在でも地球上に単細胞生物が非常に多く生息しているところをみると、単細胞生物にも多細胞生物に負けない何らかの利点がありそうです。

単細胞生物は、細胞分裂から次の細胞分裂までの時間が短く、適当な環境下では爆発的に増加しますが、それ以外に、単細胞生物のほうが多細胞生物よりも適応できる環境が広いという特徴があります。多くの多細胞生物がとても住めないような、極端な環境、すなわち、超高温、超低温、地下深くや深海のような非常に圧力が高い場所からも単細胞生物が発見されることからも、単細胞生物の適応の広さをうかがい知ることができます。

単細胞生物は、1つの細胞で外界からの栄養分のとり入れ、物質の代謝、老廃物の排泄、運動などを行なうため、きわめて複雑な構造をもっているものもいます。たとえば、真核生物で単細胞の原生生物は飼育が簡単なため、細胞運動を研究する実験材料として長年用いられてきました。ところがクラミドモナスやミドリムシの「鞭毛」や、ゾウリムシの「繊毛」を詳しく調べたところ、じつに複雑な構造をしていることがわかってきました。鞭毛の中では、チューブリンとダイニンという主なタンパク質が運動にかかわっています。しかし、これらの原生動物の動きはとても複雑で、回転しながら泳いだり、何かの障害物にぶつかると、逆方向

へ移動を始めたりします。研究を進めていくと、鞭毛に含まれるタンパク質はこれら2種類にとどまらないことがわかってきました。何と、鞭毛内だけでも少なくとも300種類以上のタンパク質が存在し、鞭毛の運動を微妙に調節することがわかったのです。

　単細胞生物の細胞内のすべてのタンパク質を合わせると、主なものだけでも数千種類以上に及びます。むしろ、働きを分業した多細胞生物の細胞のほうがタンパク質成分の種類が少ないほどです。

　単細胞生物と多細胞生物の違いは、高等か下等かという問題ではなく、1つの細胞だけで自由に生活することを選んだか、あるいは、他の細胞と一緒に生活し、分業体制で生きていくことを選んだかといった違いなのです。

1–7 カンブリア爆発とは？

―― 動物のボディプランのはなし

　今から約5億4200万年前から5億3000万年前の、<u>古生代カンブリア紀のはじめに、突然さまざまな形をした動物が現れました</u>。すなわち、サンゴや貝類、節足動物（脚に節のある動物：エビや昆虫）の先祖や脊椎動物（背骨をもつ動物）の先祖にいたるまで、現在の主な動物がもつ「体の体制（ボディ・プラン）」がこの時期にほとんどすべて完成したのです。カンブリア紀になってある時期を境に、急激に多種多様の動物が出現したので、これを**カンブリア爆発**とよんでいます。

　生物の進化を考えるとき、ある化石と別の化石を年代別に比べて、ある生物から別の生物へ進化したと推測できるのですが、カンブリア爆発の場合は、それができません。すべての動物の原型のような化石は発見されず、とても短い期間のうちにさまざまな姿かたちをした動物が出現したことから、このような比較ができないのです。貝類がどうして殻を背負うようになったのか、脊椎動物の先祖がどのようにして背骨をもつにいたったか、節足動物がどのようにして節のある脚をもつにいたったかなど、わからないことだらけです。

　ここで、カンブリア爆発で出現したさまざまなユニークな動物

を紹介しましょう。カナダのブリティッシュコロンビア州のバージェス頁岩（けつがん）から発見された化石が特に有名で、その他、中国雲南（うんなん）省の澄江（しょうちょうこう）などから状態のよい化石が見つかっています。

　もっとも有名なのが、アノマロカリス（*Anomalocaris*）という大型の三葉虫のような動物です。もともとこの動物の2本の触手がエビのような動物であるとされたことから anomalo-（奇妙な）caris（エビ）と名付けられた上、輪切りのパイナップルのような口が別の動物だとされていたため、体全体の化石が発見されるまで長い間、姿を誤解されていた動物です。アノマロカリスは当時最強の捕食者だったようで、アノマロカリスにかじられた三葉虫の化石も見つかっています。

　サンクタカリス（*Sanctacaris*：聖なるエビの意味）は、脚に節のある節足動物の先祖で、現在のクモやサソリ、カブトガニに近い仲間とされています。

　ピカイア（*Pikaia*）は、脊椎動物の先祖とされる脊索動物ナメクジウオによく似た形をしていて、この化石が見つかったことでカンブリア爆発のときすでに脊索動物の原型が完成していることが明らかになったのです。そのため、ピカイアがどのようにして背中に棒状の脊索をもつようになったかは、わかっていません。

　ヴィワクシア（*Wiwaxia*）は、楕円形をした体の上半分がう

図6 ● バージェス動物群の推定復元図

アノマロカリス　サンクタカリス　ピカイア　オパビニア

ろこで覆われていて、背中から剣山のような鋭い棘が何本も突き出ている動物です。体の下半分にはうろこがないことから、海底をはい回り、上から襲ってくるアノマロカリスのような捕食者から身を守っていたのではないかと考えられています。

オパビニア（Opabinia）は5つの目をもち、掃除機のホースのような長い管状の器官が頭から突き出た奇妙な動物です。この動物が初めて学会で発表されたとき、あまりにも奇妙な動物だったため、会場の笑いがしばらく収まらなかったそうです。この動物の口は長いホースの先ではなく、ホースの根元にあることから、この管状の器官は、まるで象の鼻のように、エサを取るときに補助的な役割をしたのではないかと考えられています。

ハルキゲニア（Hallucigenia）という動物は、「幻覚のような（likehallucination）」という意味の名前が象徴するように、夢の中に出てきそうな奇妙な格好をした動物で、具体的にいうとゴカイのような動物に長い棘をはやした格好をしていて、当初の復元図では上下さかさまになっていました。

オドントグリフィス（Odontogriphus）は、草履のような楕円形で扁平な体をもっています。頭部の下面には細かい歯が生えていて、現在の軟体動物（貝やイカ、タコの仲間）の歯舌によく似ているところから、軟体動物の仲間だと考えられています。

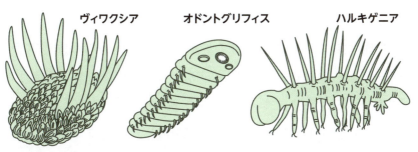

1-8 生物は何度も大絶滅の危機に直面してきた

―― 古生代、中生代、新生代の境目

　地球の歴史は、古生代、中生代、新生代という地質時代の区分で分かれていますが、どうしてこのような区分になっているのでしょう。じつはこれらの時代の境目は生物の絶滅と関係があります。中生代と新生代の境目にあたる中生代白亜紀の終わりには、地球上に小惑星が衝突して、ほぼ同じ時期に恐竜が絶滅したという説は有名ですが、それよりもずっとすさまじい生物の大絶滅（大量絶滅ともいいます）があったのを皆さんはご存知でしょうか。

　それは、古生代と中生代の間の時期でした。今から約2億5千万年前の古生代後期ペルム紀の終わりに、海に住む生物のうち最大96％、すべての生物種でみると90～95％の生物が絶滅したのです。三葉虫はこの時点で姿を消し、フズリナ（原生動物有孔虫のなかま：単細胞生物なのに石灰質の殻をもち、大きさは数ミリから1センチくらい。紡錘形をしていて古生代の典型的な化石）や腕足類（シャミセンガイやホウズキガイのなかまでブラキオポーダともいう古生代の典型的な化石）、軟体動物（貝類）、環形動物（ミミズやゴカイのなかま）、節足動物（クモ、サソリ、エビ、昆虫のなかま）の多くの種類が絶滅したのです。最近の研

究から、この時期、地球がとても暑くなり、海水面が急激に低下したことが知られています。

　地球が暑くなった原因はまだよくわかっていませんが、この時期、火山活動が活発化し、陸上では大規模な森林火災が発生し、地球の環境が激変したため、平均の海面水温が40℃に達したと推定されています。この時期に発生した地球温暖化のため、20万年かけて生物が次第に滅んでいき、中生代に入っても、生物種の数が元通りに回復するまでに500万年もかかったといわれています。このような大絶滅のうち、特に規模の大きなものは5回起こりました。これを**ビッグファイブ**とよぶことがあります。大絶滅が起こるたびにその時代にたくさんいた生物が急激に滅び、また新たな生物が増えるといったことを繰り返してきたのです。

　現在の地球においては、平均の海面水温は18℃程度ですが、大気中の二酸化炭素濃度の上昇が続き、地球温暖化の影響を受けるようになると、古生代末に起こった生物の大量絶滅と同様な現象が再び起こるかもしれません。第6回目の大絶滅を引き起こすかどうかはわれわれ人類が、地球温暖化の影響を最小限に抑えられるかどうかにかかっているのです。

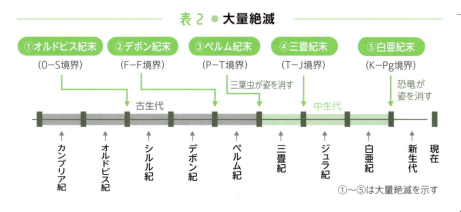

表2 ● 大量絶滅

1-9 生物が進化するというのは本当か？

―― ウイルスや微生物の薬剤耐性などの例

　19世紀のイギリスの自然科学者チャールズ・ダーウィンが提唱した進化論は、現在の生物学では広く受け入れられています。彼の理論を端的にいうと、「すべての生物は、共通の祖先から、長い時間をかけて自然選択によって進化した」というものです。

　この自然選択説というのは、3つの重要なポイントから成り立っています。すなわち、①同じ生物種においてもさまざまな変異が起こり、その結果、体の特徴や行動パターンなどがさまざまな状態に変化すること（突然変異、英語ではミューテーション：mutation）、次に、②その変異は親から子へ伝えられること（遺伝）、そして3番目に、③厳しい自然環境の中で、その環境に適応したものだけが生き残ること（自然選択）です。こうして最初にいた生物種とは別の生物種が生まれ、これを繰り返して、世界中にさまざまな生物種が生じていったという考え方です。

　しかし、進化には非常に長い時間がかかると考えられているため、人間の一生のうちにそれを証明することがなかなか難しいのです。サルが進化してヒトになったというのも、1300万年前に起こったとされる類人猿とヒトの分岐から現在までをずっとみて

いかなければならないのですから、私たちはそれを時間を追って調べることなどとてもできません。

　ただし、**私たち誰もが認める進化の例としては、ウイルスや微生物などの薬剤耐性を挙げることができるでしょう**。たとえば、タミフルのような抗ウイルス剤が効かないインフルエンザウイルスが出現するとか、病院で薬剤耐性の病原菌が出現して抗生物質が効かないなどの例は、よく知られています。

　薬剤が効かない病原菌は、主に3つの方法で薬剤を自分から遠ざけています。①薬剤を分解したり、薬剤の化学構造を変化させたりする酵素をつくり出し、薬剤を自分にとって無害な物質に変えてしまう方法、②病原菌側の薬剤結合部位の構造を変えてしまう方法、そして、③薬剤を排出するポンプを獲得する方法があります。いずれの場合も、遺伝子に突然変異が起こり、それが子孫に伝わること、そして、環境に適応した個体だけが生き残ることという進化の自然選択の条件を満たしています。

　ここまで述べてきた進化は、形質の小さな変化など、種が形成されないレベルのもので、「小進化」といいます。

　しかし依然として、新しい種が形成されたり、背骨のない動物（無脊椎動物）から背骨をもつ動物（脊椎動物）が出現するような「大進化」については現代科学ではなかなか説明がつきません。たとえばキリンの首がどのような過程を経て長くなったのか、ゾウの鼻がどのようにして長くなったのかなどは、まだ説明ができないのが実情です。これは実験では再現できない生物学の大きな問題として永遠に解決されずに残るかもしれません。

1-10 脊椎動物の進化
── 最新のゲノム研究からわかったこと

　1990年代になると、遺伝子解析技術が飛躍的に発展したおかげで、これまでは予想もできなかった大がかりな研究ができるようになりました。それは、ある生物種に含まれる<u>ゲノム、すなわちすべての遺伝情報（具体的にいうと、DNAの全塩基配列）</u>を決めるということでした。

　<u>2003年には、日本、アメリカ、ヨーロッパ各国が協力して推進した「ヒトゲノム計画」が完了し、ヒトのもつ約30億塩基対の全塩基配列が決定されたのです。</u>これまでにゲノム解析が終わった生物種は、2012年には微生物を中心に3000種類以上にも達し現在でもその数は毎年増加しています。脊椎動物については、脊椎動物の祖先とみられるナメクジウオから、魚類、両生類、爬虫類、鳥類、哺乳類にいたる分類群で、さまざまな生物種の全ゲノムが報告されています。そのデータをもとに、生物種間でゲノムの比較解析が可能になり、脊椎動物の進化を遺伝子レベルで調べることが可能になったのです。

　脊椎動物の進化は、脊索動物のナメクジウオ→あごのない魚（ヤツメウナギなどの無顎類）→あごのある魚（サメ、エイなどの軟骨魚類→タイ、ヒラメなどの硬骨魚類）→陸上に適応した魚

類（シーラカンス）→両生類（サンショウウオ、カエルなど）→爬虫類→哺乳類へという道筋をたどったと考えられています。

　まずは、ゲノムサイズ（全塩基数）についてみると、進化するにしたがって、徐々に増加するわけではなく、ヒトゲノムの全塩基対数が約 30 億であるのに対し、脊椎動物でもっとも少ないのが、フグの 3 億 4 千万（ヒトの約 9 分の 1）、もっとも多いのが肺魚のプロトプテルスの 1300 億（ヒトの約 40 倍）でした。一方、遺伝子数についてみると、ヒトが約 20,000 個であるのに対して、フグは 38,000 個もありました。つまり、ゲノムサイズや遺伝子数は脊椎動物の進化とはあまり関係のないことがわかったのです。

　脊索動物のナメクジウオは、脊椎動物の直接の祖先と考えられているため、そのゲノム解析がとても期待されていました。ナメクジウオのゲノム解析の結果、ヒトとナメクジウオは、形づくりに重要な働きをもつ 12 個のホメオボックス遺伝子群の並び方がよく似ていて、両者は共通の祖先から進化したことがわかりました。また、ナメクジウオは、この遺伝子群を 1 セットしかもたないのに対して、魚からヒトまですべての脊椎動物では 4 セットもつことがわかり、脊索動物から脊椎動物が誕生する時点で、この遺伝子群が 4 倍に増加したことが推測できました。それでは、この現象はホメオボックス遺伝子群だけの話なのでしょうか。いいえ、ヒトとマウスのゲノムを比較したところ、とても興味深いことがわかりました。4 本の染色体（2、7、12、17 番染色体）上で、いくつかの遺伝子が、共通に同じ順番に並んでいる領域（シンテニー）が見つかったのです。このことは、ヒトとマウスの共通の祖先がもっていた染色体そのものが 4 倍に増加したことを

第 1 章

生命が誕生して人類が現れるまで

37

示しています。これをゲノム重複とよんでいます。

　これらのことから、脊椎動物では、進化の初期の段階で全ゲノムの重複が2回起こり、同じ遺伝子を4セットもつようになったと考えられているのです。この説を2R仮説といい、スーパーコンピュータを使ってさまざまな脊椎動物のゲノムを比較した結果、この説が正しいらしいとされ、現在にいたっています。

　ただ、ヒトの遺伝子が約20,000個で、他の脊椎動物と比べてもそれほど多くないのは、ゲノムが4倍になっても同じ働きをする遺伝子は失われていったためだと推測されています。

1-11 恐竜は今も生きている？
——トリは恐竜の生き残り

　恐竜は中生代白亜紀の終わりに絶滅したというのが一般的な見解ですが、現在でも恐竜の生き残りがたくさんいるといったら、皆さんは驚かれますか。イギリスのネス湖のネッシーは20世紀最大のミステリーとして知られていましたが、ここではネッシーの話ではなく、どこにでもいる鳥の話です。恐竜と鳥は、その骨格がよく似ていることなどから類縁性が指摘されてきましたが、最近の研究から鳥は恐竜の直系の子孫である証拠がたくさん見つかっています。

　鳥が恐竜に似ていると認められたのは、ドイツのバイエルン州ゾルンホーフェンの中生代ジュラ紀の約1億5千万年前の地層から見つかった「始祖鳥」の化石の発見が最初です。この化石は、くちばしに歯が生えているという鳥と恐竜の特徴を兼ね備えていながら、羽毛の痕跡が認められ、鳥の歴史は始祖鳥から始まったと考えられていました。しかし、始祖鳥にはすべての鳥がもつ鎖骨がないことなどから、始祖鳥が鳥の先祖だという考えは疑問に思われていました。

　1973年になって、アメリカの古生物学者ジョン・オストロムは、恐竜のうち獣脚類のドロマエオサウルス類は鎖骨をもつこと

を紹介し、その後、中国から多数の羽毛の生えた恐竜の化石が次々に発見されたことなどから、鳥は恐竜の直接の子孫であることが確実になってきました。

　昔の恐竜の復元図では、多くの恐竜はゾウのような灰色やこげ茶色の体色で表現されていましたが、最近の復元図ではカラフルな恐竜がとても増えてきています。化石しか見つからない恐竜の色などわかるはずがないと思われる方も多いと思いますが、恐竜をカラフルに着色したのにはある根拠があります。2010年、アメリカの研究チームが羽毛恐竜の一種アンキオルニスの羽毛の痕跡を電子顕微鏡で詳しく調べてみたところ、メラニン色素を含む細胞内の器官（メラノソーム）の形が、体の部位によって異なっていました。すなわち、球状のフェオメラノソームが検出された頭部の毛は赤色であり、棒状のユーメラノソームが検出された後ろあしの毛は黒かったことがわかったのです。

　さらには鳥が恐竜の直接の子孫だとすると、恐竜は色がみえただろうという推測が成り立ちます。これまでは恐竜はワニに近いと考えられていたことから、地味な色に復元されることが多かったのですが、鳥は色を識別する視細胞をもっているため、おそらく恐竜も色を見分けることができ、オスはメスにアピールするために体色が派手だったのではないかというアイディアが生まれました。

1-12 人類はどこで誕生したのか？
―― アフリカから発見される人類化石

　生物の長い進化の歴史の中で、もっとも興味をひかれるのが、人類の起源ではないでしょうか。ヒトがサルから進化したということが頭ではわかっていても、さまざまな人種がいるとはわかっていても、人類がどこでどのようにして生まれ、どのような経路で世界中に広まり、さまざまな人種や民族が生まれていったかという問題は、大勢の人々がきっと知りたいと思うできごとでしょう。

　現在までに、生物学や人類学、考古学などあらゆる学問分野から、人類の歴史が解明されてきました。ここでは、最新の研究成果についてお話ししたいと思います。

　まず、ヒトとサルの関係ですが、<u>ゲノム解析によって、ヒトとチンパンジーの違いは1.23％であると見積もられ、遺伝子の数はどちらも2万個程度と、両者のゲノムはとてもよく似ていることがわかりました</u>。ヒトとチンパンジーは今から約700〜800万年前に共通の祖先から分かれたと考えられ、ヒトだけが日常的に二足歩行をし、火を使って食べ物を調理し、言葉を自由に操（あやつ）るようになりました。

　人類の祖先は、化石の証拠からアフリカに生活していたと想像されていましたが、<u>世界中のさまざまな人種のミトコンドリア</u>

DNA（1 − 3 参照）を解析したところ、やはりアフリカが人類誕生の地であることが証明されました。すなわち、遺伝子には時間が経つとともに突然変異が蓄積されていくことから、同じ場所に住む人々を比較したとき、もっとも変異が大きい場所が人類の最初に現れた場所だと推測できます。こうして調べたところ、やはりアフリカに住む人々の間にもっとも変異が多く蓄積されていました。

　もっとも遠縁だとされたのは、いずれも黒色人種の人たちで、肌の色が濃くてアフリカに住むという共通点を除けば人種的には遠い人々がいることがわかったのです。

　こうした遺伝子を用いた分子系統解析から、**すべての人類は今から約14万年前に共通の祖先がいたこと、そして今から約7万年前に日本人とヨーロッパ人の共通祖先がいた**ということが推定

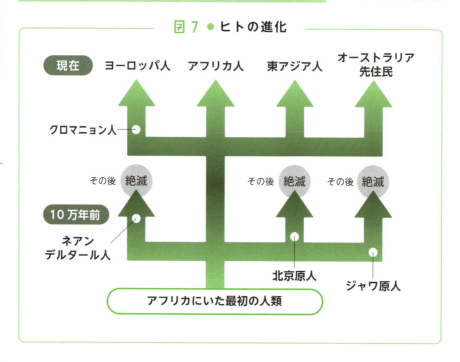

図7 ● ヒトの進化

されました。

　昔の教科書には、人類は、猿人（アウストラロピテクスなど）→原人（北京原人など）→旧人（ネアンデルタール人など）→新人（クロマニョン人など）へと進化したと書かれていましたが、化石の骨の中から抽出したミトコンドリアDNAを調べることで、必ずしもそうではないことがわかりました。

　特に、ネアンデルタール人とクロマニョン人の関係ですが、イスラエルの約5万5千年前の同じ時期の地層から両者の化石が発見されたので、両者は同じ時期に同じ場所に共存していたことがわかりました。一方、ミトコンドリアDNAの解析からは、両者が共通の祖先から分かれたのは今から約60万年前であることから、ネアンデルタール人から現在の人類が誕生したのではなく、**ネアンデルタール人は現在の人類とは全く別の種類だと考えられるようになったのです。**

第1章

生命が誕生して人類が現れるまで

第2章
細胞のしくみから個体の成り立ちまで

すべての生物は細胞からできている

―― 細胞の構造と機能

　私たちの体は、数多くの細胞からできています。現代の私たちは、生物の体はたくさんの細胞が集まってできていることを知識として知っていますが、細胞が発見されたのは、それほど遠い昔ではありません。ですから、たくさんの細胞が集まって私たちの体が成り立っているとはいっても、あまり実感がないのではないでしょうか。

　たとえば、血液中の赤血球や白血球はそれぞれ1つの細胞からできていますから、もしも肉眼で見ることができたなら、大昔から細胞のことが知られていたに違いありません。ところが、残念なことに、赤血球の大きさは直径が7～8ミクロンで厚さが2ミクロン（1ミクロンは1000分の1ミリ）しかありません。私たちが肉眼で識別できる大きさは0.1ミリ（100ミクロン程度）ですので、私たちの細胞は自分の体のことでありながら、人類の長い歴史の中でも見つけることができなかったのです。

　初めて細胞を観察したのは、17世紀のイギリスの科学者ロバート・フックでした。彼が顕微鏡を使ってコルクの切片を観察し、たくさんの小さな部屋からできていると報告し、細胞のことを初

めてセル（cell）と名付けたのが1665年のことでした。その当時の日本は、戦国時代の混乱期から江戸時代に入って社会がようやく落ち着いてきた時代ですから、細胞が発見されたのは人類の長い歴史から見ればそれほど遠い昔のことではないとわかります。

　フックが見つけたのは、細胞そのものではなく細胞が死んだあとの細胞壁だったわけですが、その後、生きた植物も、そして動物も、「すべての生物は細胞という単位から成り立つ」ことが明らかになっていきました。

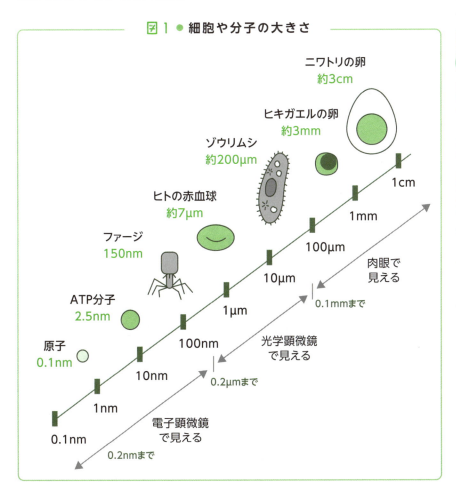

図1 ● 細胞や分子の大きさ

細胞には2種類ある

―― 原核細胞と真核細胞の違い

　それでは、生物にとって細胞とはどのようなものでしょうか。細胞は、外界と内部を区切る境界、すなわち細胞膜で表面を覆われていることから、外界の状態と一線を画し、内部の環境を一定に保つことができます。「生物とはいったい何か？」あるいは「生物と無生物の違いは何か？」などといった質問に答えるのはなかなか難しいのですが、生物は共通して「細胞」という単位から成り立っているので、それを生物の定義にすることがあります。

　ところで、細胞には大きく分けて原核細胞と真核細胞があります。第1章「生命が誕生して人類が現れるまで」でも述べましたが、ここではもう少し詳しくみてみましょう。

　地球上に最初に出現した生物は、おそらく原核細胞をもつ原核生物であっただろうと思われます。原核生物には細菌と古細菌が含まれていますが、いずれも細胞内の構造があまり明確ではなく、核やミトコンドリアなどの細胞小器官をもたないことがその特徴となっています。

　原核細胞の大きさは、典型的な細菌で0.5～1ミクロン（1ミクロンは1000分の1ミリ）ほどしかありません。一方、真核細胞は、現在世界中に存在するすべての動物、植物、菌類の細

胞が相当します。これらの生物のもつ細胞は、細胞小器官が存在することが大きな特徴となっています。その大きさは、原核細胞よりはるかに大きく5〜100ミクロンほどあります。

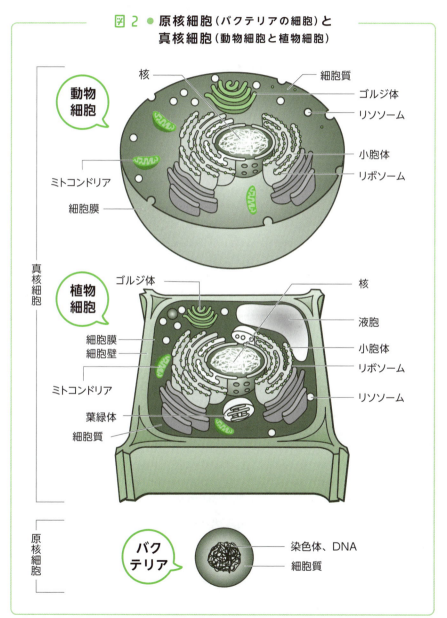

図2 ● 原核細胞（バクテリアの細胞）と真核細胞（動物細胞と植物細胞）

2-3 細胞の設計図を収納する図書館

―― 核のはなし

　細胞が生きていくためには、生命活動を維持するためのさまざまなタンパク質が必要です。タンパク質をつくるために必要な設計図は遺伝子 DNA に当たります。遺伝子が壊れてしまったら細胞は生きていられなくなるので、DNA を大切に保管する場所が必要になります。これを図書館にたとえるとわかりやすいかと思います。図書館に当たるのが「核」とよばれる細胞小器官です。核は 2 枚の核膜（外膜と内膜）に包まれたボールのような形をしています。その中に遺伝子 DNA が含まれていて、通常は遺伝子が核の外に出ていくことはありません。

　図書館でたとえていうと、DNA はとても大事なものなので貸出禁止になっている本と考えるとわかりやすいでしょう。一方、設計図のコピーは、図書館から常にもち出せる状態になっています。細胞内では、mRNA（伝令 RNA またはメッセンジャー RNA の略）が設計図のコピーに相当します。核内の「仁」とよばれる部分では、盛んに DNA から mRNA を合成しています。そして、mRNA は核から出て、リボソームという構造に結合して、製品に当たるタンパク質を合成するのです。

　核の中で、DNA はどのような状態で保存されているのでしょ

うか。DNA は非常に長いひも状分子なので、DNA だけだと互いに絡まってしまうでしょう。核の中では、核酸 DNA はヒストンという塩基性の強いタンパク質と結合して電気的に中和され、それが**ヌクレオソームという安定した構造**をとっています。

ヌクレオソームは、まるでヨーヨーに糸を 2 回巻き付けたようにみえます。遺伝子が働くときは、遺伝子部分の DNA がヒストンからはずれて露出し、そこに転写因子や RNA 合成酵素が結合して、遺伝子から RNA への転写が行なわれます。

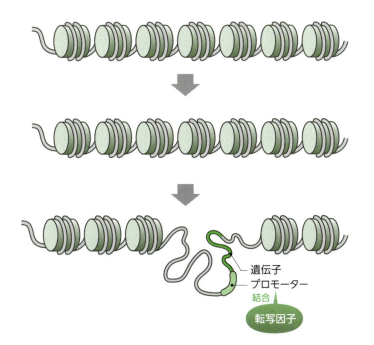

図3 ● **ヌクレオソーム**（ヒストンの周囲に DNA が 2 回転巻き付いた構造）

遺伝子が働くときは、DNA がヒストンからはずれて、DNA 分子内に書かれた遺伝暗号（DNA の塩基配列）を読み取ることが可能になる。
転写因子がプロモーターに結合すると転写が促進される。

2-4 細胞の中の発電所

―― ミトコンドリアのはなし

　生物が生命活動を営むためには、エネルギーが必要です。細胞は、炭水化物や脂肪などの栄養分を分解したときに得られるエネルギーを使って、物質を代謝したり運動したりしています。細胞の中でエネルギーをつくり出す、いわば発電所に当たるのが、ミトコンドリア（mitochondria：mito は糸、chondria は顆粒の意味）という細胞小器官です。

　細胞内では、まず細胞質基質という液体の部分でブドウ糖が分解されてピルビン酸という物質ができます。ミトコンドリアは積極的にピルビン酸をとり込んで、それを酸化し、最終的に二酸化炭素と水にまで分解しますが、その過程で得られるエネルギーを用いて、アデノシン三リン酸（ATP、3-7参照）を合成します。ATP は、エネルギーを必要とする部分に運ばれて、必要に応じてエネルギーを発散し、さまざまな生活活動に役立てられます。

　教科書に登場するミトコンドリアは、まるでソーセージのような形をしていますが、実際には、ひも状のものや枝分かれして網目状になったものまで、さまざまな形をしています。ミトコンドリアを切断してみると、外膜と内膜の 2 枚の膜でできていることがわかります。そして内膜はミトコンドリアの内側にひだを形

成し、外膜よりずっと表面積の広い独特な構造をつくり出しています。

　内膜には、ATPを合成する酵素がずらっと並んでいて、効率よくATPを合成することができます。

　スポーツ選手には、短距離走の得意な人と、長距離走の得意な人がいますね。短距離走の得意な人の筋肉を調べてみると、速筋（速く収縮するけれど、すぐに疲れてしまう筋肉）が多く、長距離走が得意な人は、遅筋（ゆっくり収縮するが、持久力のある筋肉）が多いことがわかります。遅筋には速筋よりもミトコンドリアの数が多く、速筋よりも効率よく、ATPを産生して、エネルギーを得ていることが知られています。

　ミトコンドリアはもともと別の細菌が細胞に共生したものと考えられていますが、その証拠として、ミトコンドリア内部にはミトコンドリアDNAが存在しています。ミトコンドリアDNAは生物種間の類縁性を調べるときなどに利用されています。

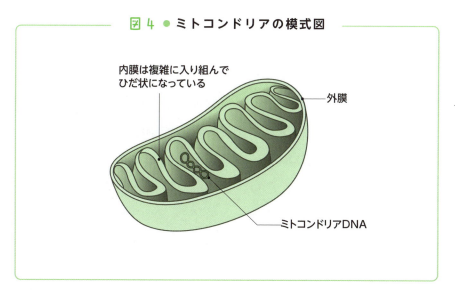

図4 ● ミトコンドリアの模式図

2-5 細胞内の物質の通り道（小胞体とゴルジ体）

—— タンパク質の修飾（お化粧）

　真核細胞の内部は一様ではなく、さまざまな物質を輸送する経路があります。その中でも、小胞体とゴルジ体という細胞小器官は、タンパク質を効率的に輸送するばかりではなく、タンパク質がその経路を通る間に、未熟なタンパク質にリン酸化や糖鎖の付加などさまざまな修飾（いわゆるお化粧のようなもの）をして、生体内や生体外で働けるようにするという重要な働きをもっています。

　リボソームが結合した粗面小胞体では、遺伝子DNAから転写されたmRNAの遺伝情報をもとにタンパク質が盛んに合成（翻訳）されています。合成されたばかりのタンパク質は小胞体膜を通って小胞体の内部に入ります。タンパク質の入った小胞体はちぎれて小胞になり、そこからゴルジ体のほうに向かって移動していきます。その間に、タンパク質の細長い鎖には、分子シャペロン（タンパク質の立体構造をつくる手助けをするタンパク質）が結合して折りたたみが起こり、正常な立体構造ができます。ここでもし折りたたみに失敗すると、分子シャペロンの働きによって小胞体から追い出され、プロテアソームというタンパク質分解装置にかけられて分解されるのです。

正常な立体構造に折りたたまれたタンパク質は、ゴルジ体内で、糖鎖という構造が結合したりして、成熟タンパク質として完成します。こうして成熟タンパク質は、細胞内から細胞外に出されて細胞膜表面の膜タンパク質や分泌タンパク質として働くのです。

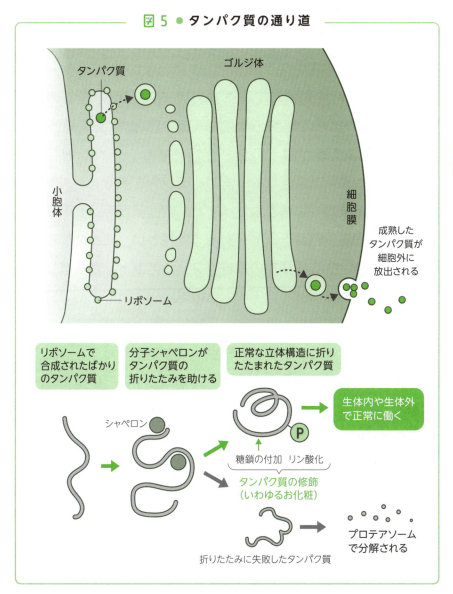

図5 ● タンパク質の通り道

細胞の中には骨がある？
―― 細胞骨格の働き

　私たちが重力に対抗して、体を支えることができるのは骨格のおかげですが、細胞の中にも細胞の構造を支える、まるで骨のような構造があるのをご存知ですか。それは細胞骨格（cytoskeleton）とよばれています。テントを張るとき、支柱をつくってそのまわりに幕を張りますね。細胞膜がテントの幕だとするなら、細胞骨格はテントを支える支柱ということになります。

　<u>細胞骨格は、主に3種類の繊維（フィラメント）から成り立っています</u>。これらの繊維はその太さの違いによって、細い繊維と太い繊維、そしてその中間の太さの繊維に分けられます。これらの繊維が束になったり、複雑な網目状になったりして、頑丈な構造をつくり、細胞を内側から支えているのです。このうち、細い繊維はアクチンフィラメントとよばれ、粒状のアクチン分子が重合して、直径5～9nm（ナノメートル：1nmは100万分の1メートル）の繊維を形成します。アクチンフィラメントは、筋収縮や原形質流動、細胞分裂のときは細胞質分裂に関係しています。次に、直径25nmの太い繊維は微小管とよばれ、粒状のチューブリン分子が重合して中空の管を形成します。微小管は、鞭毛や繊毛の動きに関係し、細胞分裂のときは染色体の移動や細胞小器官

の移動に関係しています。アクチンフィラメントと微小管の中間の太さをもつ直径10nmの中間径繊維は細胞の形や核の形を保つのに役立っています。

　これらの細胞骨格は、細胞を支えるだけでなく細胞運動や細胞分裂、細胞内の物質輸送などにも重要な働きを担っています。

　動物の細胞は、体内からとり出して、シャーレで培養することができますが、これを顕微鏡で観察すると、細胞がシャーレの中を移動していく様子がみられます。細胞が移動する方向を前とすると、細胞は前の部分から仮足（偽足）という平べったいギョウザの皮のような構造を突き出します。このとき細胞は前部を1辺とした三角形のような形になり、仮足の先端がシャーレに張り

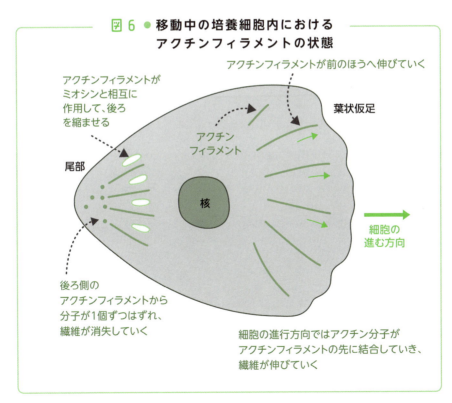

図6 ● 移動中の培養細胞内におけるアクチンフィラメントの状態

付いて体を固定します。次に、細胞内の後ろのほうにあった物質を前のほうに移動させます。そして最後に、細胞の後ろの部分を縮ませて前のほうに引っ張るのです。これを繰り返すことで、細胞は一方向に移動できるのです。

このとき、細胞内の細胞骨格はどのようになるのでしょうか。前に突き出した仮足の先端では、粒状のアクチン分子が一方向に重合して繊維状となり、マイクロフィラメントを前へ前へと伸ばしていきます。一方、細胞の後ろ側では、筋肉運動（7－1参照)と同様にアクチンがミオシンと相互作用して、後ろの部分を縮ませることが明らかになっています。

2-7 細胞はどのようにして全く同じ2個の細胞に分かれるか？

—— 細胞分裂のはなし

1-2で述べましたが、生物の特徴としてとても重要なのは、同じ個体をつくるシステムをもっていることです。そのシステムの根本となっているのが細胞分裂です。

細胞分裂によって1個の細胞から2個の細胞ができますが、そのしくみは極めて厳密に行なわれます。細胞分裂では、核内の染色体が2つに分かれる核分裂と、細胞質が2つに分かれる細胞質分裂が行なわれます。

まずは、細胞が分裂する前の準備期間に、核に含まれるすべてのDNAが複製されて2倍になります。**細胞分裂の過程は、核や染色体の形の変化から、前期・中期・後期・終期に分けられます。**

細胞分裂が始まると、最初に核を包んでいた核膜が消失して、それに代わってDNAをコンパクトに収納した染色体が現れます（前期）。中期には染色体が細胞の中心の赤道面に並び、後期には染色体が均等に2つの細胞に分かれていきます。そして終期には、染色体が消失して、再び核膜が出現し、最後に細胞質をくびれきって2個の細胞になるのです。

この様子を、細胞骨格（2-6参照）を染めて観察すると、特

に微小管の役割が明らかになります。細胞が分裂していないとき、アクチンフィラメントと微小管はともに細胞全体に分布しています。ところが、染色体を移動させる時期になると、微小管は紡錘糸を形成し、アクチンフィラメントは微小管とは全く別の場所に局在します。すなわち、微小管は染色体の中央部分に特異的に結合し、染色体が2本に均等に分かれると、それらを細胞の両側に引っ張っていき、DNAの分配に積極的な働きをするのです。

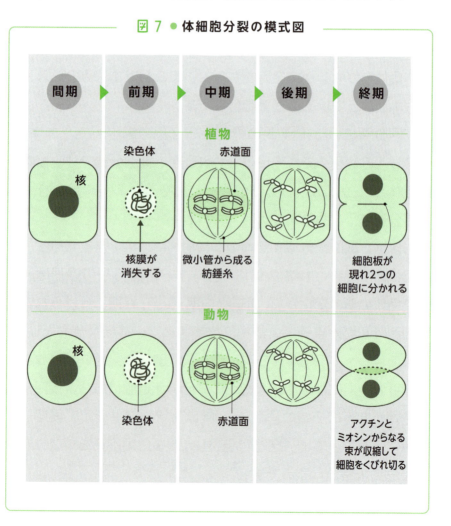

図7 ● 体細胞分裂の模式図

2-8 最近明らかになった染色体の構造

―― 大型放射光施設 Spring8 による研究成果

　細胞分裂が行なわれるとき、核に含まれていた DNA は染色体という構造に詰め替えられて、2 つの細胞に均等に分配されます。
　ヒトの DNA を一直線に伸ばすと全長 2 メートルにもなりますが、それが 46 本の染色体の中にコンパクトに収納されています。染色体 1 本の長さは数マイクロメートル程度ですから、DNA はさぞかしきちんと収納されていると考えがちです。それでは染色体の中で、DNA はどのように収納されているのでしょうか。
　1970 年代に提唱されたモデルでは、ヌクレオソームがいくつも集まってクロマチン繊維を形成し、それがさらに集まって染色体をつくるとされていました。しかし、2012 年に国立遺伝学研究所の前島一博らの研究グループは、<u>大型放射光施設 Spring8 から発生する強力な X 線を使って、染色体内の構造を詳しく調べたところ、直径約 30nm のクロマチン繊維は確認されませんでした</u>。つまり、ヌクレオソームが集まってクロマチン繊維をつくっているのではなく、DNA が染色体の中でかなりいいかげんに収納されていることを突き止めたのです。

図8 ● 染色体の構造模式図

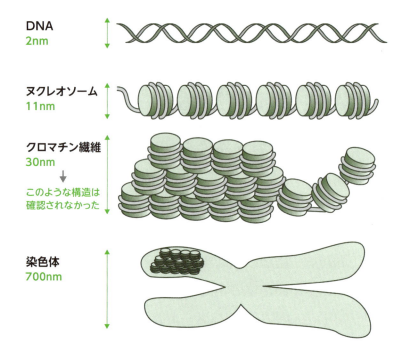

1970年代に提唱されたモデルでは直径30ナノメートルの構造があるとされたが、最新の研究ではこのような構造は確認されなかった。

2-9 細胞が集まって組織になる

―― 動物と植物の組織の違い

　一個一個の細胞が独立した個体として生活しているのが単細胞生物ですが、私たちヒトはたくさんの細胞が集まった多細胞生物で、個々の細胞はそれぞれさまざまな働きを分業しています。

　ある細胞が集まって構成された細胞群を<u>組織</u>といい、組織が集まって、ひとまとまりの構造と働きをもち、周りの構造と明らかに区別できるものを<u>器官</u>とよびます。たとえば、血管の場合、平滑筋細胞が集まって筋肉組織をつくり、それが血管（器官にあたる）を構成するような場合を指します。

　<u>組織は動物の場合と植物の場合では、分類の仕方がだいぶ異なっています。動物の組織は大きく分けて4種類あります。上皮組織、結合組織、筋組織および神経組織です</u>。このうち、上皮組織は、皮膚や消化管の内壁のように、それぞれの器官の表面を覆う組織で、細胞がびっしりと密に並んでいます。結合組織は、細胞がまわりに物質を分泌して組織どうしを結合させる働きをもっています。繊維芽細胞が集まってできた表皮の下にある真皮の組織や、細胞がコンドロイチン硫酸という物質を分泌してできた軟骨、そして、カルシウムを沈着してできた骨などが含まれます。

　筋組織は、筋細胞が集まってできた組織で、骨格筋や心筋、内

63

臓や血管に存在する平滑筋などが含まれます。いずれも運動にかかわっています。最後に、神経組織ですが、神経細胞のほかに神経細胞に栄養分を与えたりする働きをもつグリア細胞が集まって神経組織を形成しています。神経細胞どうしは、シナプスという構造で結合し、情報をすばやく伝える神経ネットワークを形成しています。

　<u>動物組織は、顕微鏡を使って細胞の形態を詳しく観察できるため、組織学という学問分野として発展してきました</u>。現在でも、がんなどの病気を調べるための病理検査として用いられています。がんが疑われる場合、体内からバイオプシー（体に細い注射針な

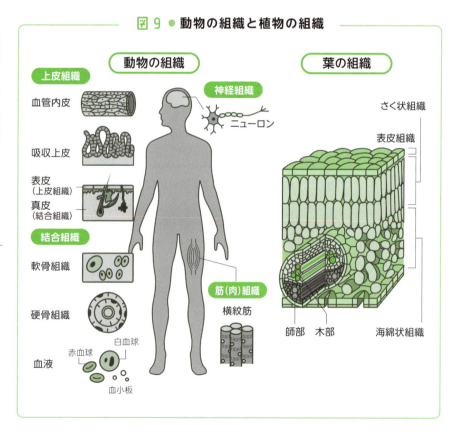

図9 ● 動物の組織と植物の組織

どを刺して、その中に含まれる細胞を採取する方法）や手術検体などを用いて、顕微鏡で観察するための組織切片をつくります。それをヘマトキシリンとエオジンという2種類の染色液で染めます。そして、組織内に含まれる細胞の形を顕微鏡で観察し、がん細胞が含まれているかどうかを調べます。

表1をご覧ください。**植物の組織は、動物の組織とはずいぶん異なる視点から分類されています。**植物でも明確な組織をもつのは、陸上植物の中でも維管束植物（種子植物とシダ植物）という高等な植物だけで、海藻やコケなどには明確な組織はありません。

────── 表1 ● 動物と植物の細胞・組織・器官の対応表 ──────

	動物	例	植物	例
細胞	○	上皮細胞・骨格筋細胞・神経細胞	○	表皮細胞・孔辺細胞・導管細胞
組織	○	上皮組織・結合組織・筋組織・神経組織	○	分裂組織・永久組織・表皮組織・通道組織・機械組織・柔組織
組織系	×	なし	○	表皮系・基本組織系・維管束系
器官	○	血管・心臓・腎臓・肝臓・肺	○	根・茎・葉・花
器官系	○	循環器系・泌尿器系・呼吸器系	×	なし

動物には組織系がなく、植物には器官系がない。

維管束植物における組織はまず、細胞分裂が起きるかどうかで、分裂組織と永久組織の2つに分けられています。動物とは異なり、植物の場合は、細胞分裂が起きる部分は根の先端や茎の先端などごく限られた部分にしかありません。また、永久組織の中には、表皮組織、通道組織、機械組織、柔組織が含まれます。表皮組織は、植物の表面にある組織で、葉や根などに存在します。通道組織は、根から葉まで水分を運ぶ導管や、葉でつくられた養分を根にまで運ぶ師管などを構成する組織が含まれます。そして、機械組織は、茎の中にあって、植物体を支える繊維組織などがあります。最後に柔組織ですが、細胞壁が木質化されていない組織のことを指します。

　以上、動物組織と植物組織を比べてみると、分類の視点がずいぶん違うものだとわかります。しかも動物には組織系がなく、植物には器官系がないのです。

器官から器官系へ
―― どうして植物には器官系がないのか？

　2－9で植物には器官系がないことを述べましたが、この器官系とは何を指すのでしょうか。動物の場合、さまざまな組織が集まって器官が形成されますが、器官は臓器とほぼ同じ意味でつかわれます。

　たとえば、消化器官には、食道や胃、小腸や大腸などが含まれますが、これらをあわせて消化器系といいます。また、心臓は血管とつながって、血液を全身に送るシステムとして機能し、これらを循環器系とよんでいます。このように、よく似た働きをもつ器官や一連のつながりをもつ器官をまとめて器官系といいます。動物の体は、細胞から組織へ、そして器官から器官系へとそれぞれの階層が積み上げられて、個体が成り立っているのです。

　それでは、どうして植物には器官系がないのでしょうか。それは植物の場合は動物の場合とかなり事情が異なっているからです。植物には食べ物を消化する消化器系はありませんし、全身に血液を送る循環器系も、老廃物を排泄する泌尿器系もありません。外界の刺激を脳に伝えたり、脳から体全体に指令を送ったりする神経系ももちろんありません。その代わり、光合成を行なって栄養分を合成する葉や、栄養分を根に送る一方で水分を葉に届ける茎

の中に発達した管（維管束といいます）や水分や養分を吸い上げる根などがあります。

　植物では葉、茎、根などを器官とよんでいます。葉や茎が集まって、さらに階層が上の構造をつくりだすわけではありません。さらに、花や種子も器官に分類されます。よって、植物の場合、器官が集まると個体になるのです。このように、植物では動物と違い、組織系はあるものの器官系はないのです。

2-11 心臓はどうして左側にあるのか？
―― レフティーという遺伝子の働き

　私たちの体は外から見るとほぼ左右対称になっていますが、内臓の分布をみると、左右対称にはなっていません。心臓は、ほとんどの人で体の左側にあり、肝臓は右側にあります。また、小腸は左右にうねうねと曲がり、大腸にいたっては、おなかの中をほぼぐるりと一周しています。

　それでは心臓が左側にあるのはどうしてでしょうか。この疑問を明らかにするきっかけとなったのは、気管支拡張症、副鼻腔炎、不妊の男性で、内臓が左右逆転する**内臓逆位**という現象が多くみられたことでした。これらの病気の原因は鞭毛や繊毛の中に存在するダイニンというタンパク質に異常があることで、のどや鼻の内部の粘膜に生えた繊毛が運動しないことや精子の鞭毛が動かないため、このような一連の障害が発生することが知られています。この病気を発見者の名前をとって**カルタゲナー症候群（Kartagener症候群）**といいます。

　細胞の表面に生えている鞭毛や繊毛が動かないことがヒントになり、マウスを使った実験が行なわれ、内臓逆位のメカニズムが解明されました。マウス胚発生の初期に、原始結節とよばれる部分で、繊毛が活発に動いて水流を起こしているのが観察されます

が、ダイニンに異常がある個体では、この水流を起こすことができなかったのです。

　この水流は左右の非対称性を決めるのに重要で、この水流があると、体の左側だけに左を意味する**レフティー（Lefty）**という遺伝子が働き、それをきっかけに左右非対称の内臓形成が行なわれます。繊毛が動かず水流が起こらない場合は、体の左右はランダムに決まるため、内臓逆位を起こす個体は全体の半数に現れるのです。

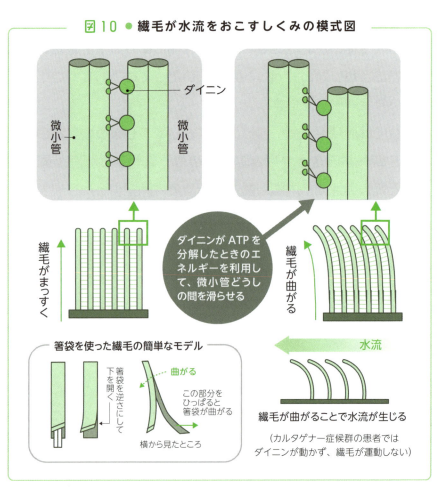

図10 ● 繊毛が水流をおこすしくみの模式図

せいぶつの窓

動物学と植物学では、スケッチの流儀が違う

　筆者は学生時代に、忘れられない思い出があります。学部の1年生だったとき、学生実習で、植物の組織を顕微鏡で観察し、それを鉛筆でスケッチするという課題がありました。課題を担当されていた責任者の先生は植物学の先生、そして個々の学生を見回っていたのは動物学の先生でした。

　動物学のスケッチでは、点描画といって小さな点をたくさん打つことで、立体感を表します。ところが、植物学では、小さな点は表面に開いた小さな穴を表すのです。実習全体の監督者でもある植物学の先生は、「スケッチをするのに点描画を用いてはいけません。点で表した部分は表面に開いた穴とみなします」と注意をされました。

　筆者が植物のスケッチをしていたとき、たまたま動物学の先生が私のところまで来て、「君、立体感を付けるにはどうしたらいいだろうね。そう、点で表すといいよ」といわれたのです。植物学の先生がいわれた注意点を聞いていた私は、しばらくは動物学の先生の忠告を無視していたのです。しかし、何度もいわれたので、仕方なく立体感を出すために、植物のスケッチに点を打って影をつけることにしました。

　しかし、運悪く、それを始めたところへ植物学の先生が来られました。そして、私のスケッチを取り上げて、皆の前で、「こういうことをしていけません」と大きな声でいったのです。私は恥ずかしいやら、がっかりするやら。しばらくすると、私に点描画をするようにいった動物学の先生は、「ごめんね」と謝りに来ました。

　これは、動物学と植物学が全く別々に発展してきた結果だと感じました。確かに学者が描いた動物図鑑のスケッチと植物図

鑑のスケッチの雰囲気は大きく異なっています。たとえば、『新日本動物図鑑』（北隆館）に登場する動物のイラストは、ほとんどすべてが点描画で、濃淡が細かい点で表されています。一方、『牧野新日本植物図鑑』（北隆館）のほうは、植物の外形ばかりでなく細かい葉脈までもが明確な線で表され、とても平面的な感じがします。

動物と植物のスケッチ方法の違い

動物の図は立体感を出すために点描画で濃淡をつける。

植物の図では外形や葉脈が直線的で、濃淡をつけるのに点描画は用いない。

コラム　動物学と植物学では、スケッチの流儀が違う

生体を構成する物質

3-1 どうしてケイ素を含む生物種は少ないか？

―― 生体を構成する原子の特徴

地球上に存在する元素を調べると、意外なことがわかります。岩石を構成する元素はケイ素が圧倒的に多いのです。ところが、**生物の中でケイ素を含む生物は、珪藻（けいそう）など、ごくわずかな生物に限られます**。これは一体どうしてでしょうか。

ケイ素 Si と炭素 C はいずれもよく似た性質をもつ元素なのですが、それにもかかわらず、生物はほとんどケイ素を利用してきませんでした。炭水化物やタンパク質など、ほとんどの生物由来の化合物には炭素 C が含まれます。一方、地表の岩石に多く含まれるケイ素を含む化合物は、生物からはほとんど見つかりません。その理由を、これら 2 個の原子の構造から考えてみましょう。

炭素のもつ原子価は 4 個で、他の元素と多様な結合が可能です。この性質のおかげで、炭素を介してさまざまな化合物ができるのです。一方、ケイ素も原子価が 4 個で、その点では炭素と同じです。

しかし、**炭素が他の炭素原子と結合し、さまざまな化合物をつくるのに必要な二重結合や三重結合が可能であるのに対して、ケイ素の場合は、原子半径が炭素より大きいため、ケイ素原子は他のケイ素原子と二重結合や三重結合をつくることができません**。

そのため、炭素の場合は多種多様な化合物をつくることができたのに対して、ケイ素の場合は多様な化合物をつくり出すことができなかったのです（図2参照）。

　生物を構成する主な元素は、炭素C、水素H、酸素O、および窒素Nの4種類です。これらの原子が結合して、炭水化物、脂肪、核酸、アミノ酸、タンパク質などの化合物を形成します。これらの有機化合物が合成されるとき、炭素原子どうしの二重結合や三重結合が重要な働きをします。二重結合や三重結合は反応

図1 ● 炭素（左側）とケイ素（右側）の元素の構造の比較

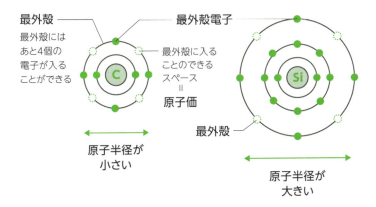

最外殻の電子数は8個で安定になる。
炭素もケイ素も最外殻電子が4個なので、電子があと4個あると安定になる
これを原子価が4であるという。
ケイ素は炭素に比べ原子半径が大きいので他のケイ素原子と二重結合や三重結合はつくれない。

性が高いので、いろいろな物質と結合したり、あるいは分解して別の物質になったりすることが容易にできるのです。一方、無生物の代表として岩石・鉱物がありますが、その主成分はケイ素 Si、アルミニウム Al、鉄 Fe など、生物を構成する元素とはかなり異なっています。

　しかも、これらの原子どうしが結合する仕方も有機化合物と比べてずっと単純です。そのため炭素を含む化合物に比べ、ケイ素を含む化合物は圧倒的に少ないのです。

―――― 図2 ● 炭素とケイ素の違い（共有結合） ――――

$$-\overset{|}{\underset{|}{C}}- \quad -\overset{|}{\underset{|}{C}}-\overset{|}{\underset{|}{C}}- \quad -C=C- \quad -C\equiv C- \quad -\overset{|}{\underset{|}{Si}}-$$

炭素 C は最外殻にあと 4 個の電子が入ることができるので、これを棒線で表すことができる。これを原子価が4であるといい、4個の原子と共有結合を組むことができる。ケイ素 Si も炭素と同様に原子価は4であるが、炭素は炭素原子どうしで二重結合や三重結合を組むことができるが、ケイ素は二重結合や三重結合は組むことができない。

3-2 生命活動のエネルギー源

── 炭水化物のはなし

　おなかがすくと、パンやごはんを食べることが多いと思いますが、これらの食品には、デンプンのような炭水化物が多く含まれています。<u>炭水化物は、主に炭素 C、水素 H、酸素 O から構成され、多くの場合、分子式が $C_mH_{2n}O_n$ で表されます</u>（この場合、m と n は整数を表します）。この化学式の書き方を変えると $C_m(H_2O)_n$ という形で書くことができます。H_2O はすなわち水分子ですので、この化学式をみると、まるで炭素に水が結合した物質のようにみえます。そのため、炭水化物とよばれるのです。ブドウなどに含まれるブドウ糖を例に挙げてみましょう。ブドウ糖はグルコースともよばれ、化学式は $C_6H_{12}O_6$ で表されます。

　ブドウ糖は単糖の一種で、これが 2 個つながったものを二糖といい、砂糖（ショ糖）などが含まれます。さらに、単糖が 2 個〜20 個程度つながったものを少糖（オリゴ糖）といい、単糖がそれよりもたくさんつながったものを多糖といいます。

　多糖の中には、デンプンやグリコーゲン、セルロースなどが含まれます。紙の主な成分として知られるセルロースが砂糖の仲間だと皆さんは信じられますか。ごはんなどに含まれるデンプンは食べると甘くなりますが、紙は食べても甘くはなりません。これ

は、私たちはデンプンを分解するアミラーゼという酵素をもっている一方、セルロースを分解するセルラーゼという酵素をもっていないからなのです。ヤギは紙を喜んで食べますが、ヤギのおなかにいる腸内細菌はセルロースを分解して単糖にすることができるので、ヤギは紙を自分の栄養分として利用することができます。

図3 ● 単糖類の代表：α-グルコースの構造式

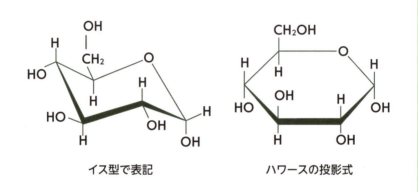

イス型で表記 　　　　　　ハワースの投影式

グルコースの六員環構造（6個の原子で環を形成している構造）は平面上にはない。そのため、グルコースの六員環を斜めからみると椅子のようにみえる。これをイス型配座といい、左図の構造式はその状態をわかりやすく描いたもの。一方、六員環をつぶして描いたものが右図で、こちらの描き方のほうが、炭素原子から出たHとOHの向きがわかりやすくなっている。いずれの構造式の描き方でも六員環の炭素原子Cは省略している。

3-3 生命活動を行なう主役

── アミノ酸とタンパク質のはなし

　私たちが運動をしたり、呼吸をしたり、おなかの中で食物を消化したりするような、何らかの生命活動を行なう際は、ほとんどの場合、タンパク質がその働きを行なっています。**タンパク質の部品となるのが、アミノ酸という化学物質です**。その名前の通り、水に溶けると塩基性を示すアミノ基と、酸性を示すカルボキシル基をもっていて、次ページの図4のような基本構造をもっています。アミノ酸は水に溶けると酸性と塩基性の両方の性質を示すので、両性電解質といわれます。

　私たちの体に含まれるタンパク質は、20種類のアミノ酸が鎖状につながってできています。アミノ酸とアミノ酸がつながる結合を**ペプチド結合**といい、ひとつ目のアミノ酸のカルボキシル基（-COOH）と2番目のアミノ酸のアミノ基（-NH$_2$）の間で結合が起こります。アミノ酸どうしのペプチド結合が連続しておきると、アミノ酸が数珠状につながった長い糸状の分子になります。つながったアミノ酸数が2個から数十個程度のものをペプチドといい、アミノ酸が2個つながったものをジペプチド、3個つながったものをトリペプチドなどとよびます。アミノ酸が数個程度のものをオリゴペプチド（オリゴは少ないの意味）、数十個程

度のものをポリペプチド（ポリは多いの意味）、数百個から数千個のものをタンパク質とよんでいます。

　アミノ酸の数が少ないと、タンパク質の糸は、自分で巻き戻って立体構造を形成しますが、糸の長さが長い場合は、自分だけでは正常な構造に巻くことができません。

　その場合、2−5の小胞体とゴルジ体の項目で説明したように、「分子シャペロン」が正しい巻き込みを手助けします（社交界にデビューした新人の介添え役のことをフランス語でシャペロンと

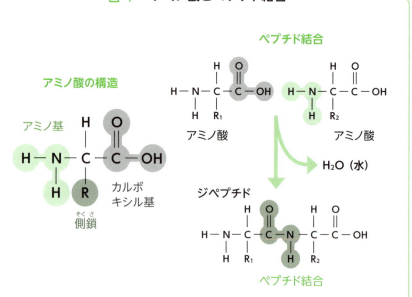

図4 ● アミノ酸とペプチド結合

左図のアミノ酸を眺めたとき、中央にある炭素に、アミノ基（左側）とカルボキシル基（右側）、それに水素（上側）と側鎖（下側）がそれぞれ結合した物質であることがわかる。側鎖の部分はアミノ酸の種類のよって異なり、タンパク質と構成するアミノ酸は20種類ある。2個のアミノ酸どうしで、アミノ基とカルボキシル基の間で水がとれて結合がおきる。これをペプチド結合という。

いうので、それに倣って、分子シャペロンといいます）。このようにして正常な立体構造をとることのできたタンパク質は、生体内でいろいろな働きをしています。

図5 ● アミノ酸とペプチド、タンパク質

ジペプチド（2個のアミノ酸から成るペプチド）

トリペプチド（3個のアミノ酸から成るペプチド）

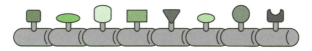
ポリペプチド（数十個程度のアミノ酸から成るペプチド）

タンパク質（さらに多くのアミノ酸により構成されるもの）

ペプチドやタンパク質はアミノ酸が直線状につながった構造をしている。これが複雑に巻き込んで、生体内や生体外で、さまざまな働きをしている。

3-4 生命の設計図とそのコピー

―― DNA と RNA のはなし

　皆さんは、自分の姿や性格は、お父さんやお母さんに似ていますか。もし似ているとすれば、何が親子の間をつないでいるのでしょうか。今でも、親子・親戚関係を「血のつながり」といいますが、じつは親から子へ受け渡されたのは血ではなく、何らかの物質が親子の間で保たれてきたのです。

　その物質は「遺伝子」とよばれ、今では核酸の一種DNAであることが知られています。DNAはデオキシリボ核酸（Deoxyribonucleic acid）の略で、炭素5個からなるデオキシリボースという糖と、リン酸、それに4種類の塩基という物質から成り立っています。

　発見当初は、構造が単純であったため、複雑な情報を担うことはほとんど難しいと考えられており、遺伝子は複雑な構造をもつタンパク質であると長い間信じられてきました。しかし、ワトソンとクリックによってDNAの立体構造が解明されてからは、DNAが遺伝子の本体であるとして多くの研究者から認められました。遺伝子としての性質をもつためには、親から子へ情報を正確に伝える必要があります。遺伝情報は4種類の塩基の並ぶ順番が担っていて、その並び方（塩基配列といいます）を正確に複

製することで、完全なコピーをとることができます。

　図6に示すDNAの立体構造を見てみましょう。まず、DNAは「二重らせん構造」をしています。この「らせん」の手すりの部分には、デオキシリボース（糖）とリン酸が交互に結合して並んでいます。そして、「らせん」の階段部分には2個の塩基がペアになって1つの段を形づくっています。アデニン（A）とチミン（T）、グアニン（G）とシトシン（C）が必ずペアを組むことになっていて、AとG、TとCがペアを組むことはありません。

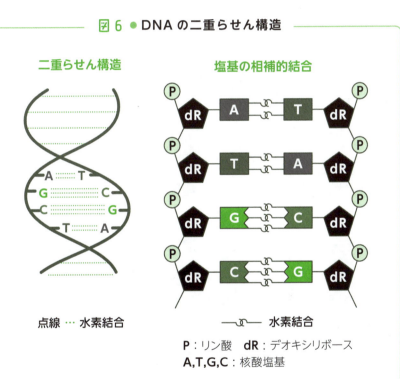

図6 ● DNAの二重らせん構造

DNA塩基の相補的結合 A（アデニン）とT（チミン）、C（シトシン）とG（グアニン）間でのみ起こり、一方の塩基配列が決まれば、相手の塩基配列が決まる。

そのため、AとT、GとCはそれぞれ**相補的塩基対**とよばれます。

　親のもつ遺伝情報を子に正確に伝えるには、同じ遺伝子を少なくとも2つつくらなければなりません。遺伝子の本体がDNAだとすると、1つのDNA分子から同じDNA分子が2つつくられるはずです。じつは、1本のDNAが2本になるとき、**半保存的複製**という方法で、DNAの合成が行なわれます。すなわち、DNAの2重らせんがほどけて1本鎖になり、それぞれの鎖の塩基配列を鋳型にして、新たにもう1本の鎖がつくられるのです。このとき、AにはT、GにはCのペアになる塩基が結合して、階段の段の部分が安定してから、その「らせん」の手すり部分がつくられるのです。1本のDNA分子から全く同じ塩基配列をもった2本のDNA分子ができるので、DNAは遺伝子としての性質をもっていることになります。

　DNAは遺伝子本体ですが、必要に応じてそのコピーをとらなければなりません。たとえば、建物をつくるとき、建物の設計図を現場にもって行きますが、その紙を汚してしまったり、設計図の原図を失くしてしまったら、建物の建設に大きな支障をきたしますね。私たちの体もそれと同様で、体の設計図であるDNAは細胞内の「核」という図書館にしまっておいて、そのコピーだけを図書館から外にもち出しています。コピーは使用後すぐに破棄できるように、分解されやすい構造をしています。

　このコピーは物質的には、**RNA（リボ核酸：Ribonucleic Acid)** といって、DNAとは少し違う構造をしています。まず、RNAはチミン（T）の代わりにウラシル（U）という塩基をもっていることが知られています。次に、RNAはリボースという5

個の炭素を含む糖をもっています。DNAのデオキシリボースは、リボースから酸素を1個取り除いた構造をしています。デオキシリボースのデオキシとは「酸素を取り除く」という意味なのです。このわずかな構造の違いが、DNAとRNAの安定性に大きく影響しています。すなわちRNAのほうがDNAよりずっと不安定で容易に分解されるコピーとしての性質をもっているのです。RNAはリボースをもつことで、生体内で分解されやすいコピーとして働き、DNAはデオキシリボースをもつことで、生体内で長い間安定した物質でいられるのです。

図7 ● DNAとRNAの大きな違いは、構成する五炭糖の構造の違いによる

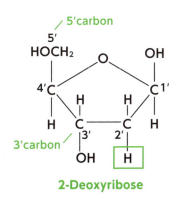 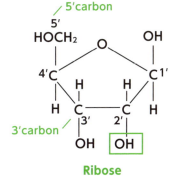

デオキシリボースはDNAを構成する五炭糖　　　リボースはRNAを構成する五炭糖

DNAとRNAは、それぞれデオキシリボースと、リボースという五炭糖をもっている。左図の H が右図では OH になっていることに注目。この違いがDNAとRNAの構造の安定性の違いに大いに関係している。

3-5 体内に含まれるあぶらは何をしているのか？

―― 細胞膜を構成する脂質のはなし

　脂肪と聞くと、すぐに肥満を連想する方が多いと思いますが、脂肪は私たちの体にとってなくてはならない貴重な物質です。図8 をご覧ください。<u>脂肪は脂肪酸とグリセリンという物質が結合してできています</u>。脂肪酸は、炭化水素が直線状につながった物質で、とても疎水性（水をはじく性質）が強く、その末端には酸性を示すカルボキシル基をもつものもあります。このカルボキシル基がグリセリンと結合して、脂肪ができます。通常、1 分子のグリセリンには 2 本か 3 本の脂肪酸が結合します。

　私たちの細胞の細胞膜はリン脂質からなる脂肪の一種から成り立っています。リン脂質は、1 分子のグリセリンに 1 分子のリン酸と 2 分子の脂肪酸が結合した物質です。リン酸を含む部分は親水性（水になじむ性質）をもち、脂肪酸の炭化水素の部分は疎水性を示します。そのため、細胞の周囲に水が多い環境では、リン脂質は、脂肪酸の疎水性部分が、他のリン脂質の疎水性部分と接近して疎水結合をつくります。一方、親水性のリン酸の部分は水に接する部分にきます。

　こうして、疎水性部分が膜の内側、親水性部分が膜の外側に向

いて細胞膜が形成されるのです（図8を参照）。これを**脂質二重層膜**といい、水分子や水に溶けやすい物質は容易に膜を通り抜けることはできません。実際の細胞膜には、チャンネルタンパク質があちこちに浮かんで特殊な穴を形成していて、その穴を水やさまざまな物質が通り抜けることができます。この穴を開いたり閉じたりすることで、細胞は外界とは異なる物質環境をつくることができます。

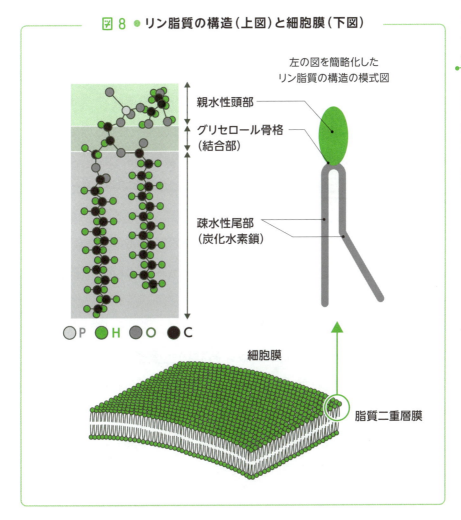

図8 ● リン脂質の構造（上図）と細胞膜（下図）

3-6 どうして私たちの体は金属元素を必要とするのか

── 生体の微量元素の話

　私たちの体は、さまざまな微量元素を必要としています。たとえば鉄は、血液中のヘモグロビンというタンパク質のヘムという構造に必要です。ヘムに鉄イオンがあるから酸素を結合することができ、肺から体中の組織へ酸素を運ぶことができるのです。また、カルシウムは骨などに含まれていて金属とは考えにくいですが、れっきとした金属の一種です。体内ではカルシウムはリン酸カルシウムや炭酸カルシウムの状態で存在しています。

　また、ナトリウムイオンとカリウムイオンは神経の興奮には欠かせない金属イオンですし、カルシウムイオンは筋肉収縮の引き金となる重要なイオンでもあります。

　それ以外にも、銅 Cu や亜鉛 Zn、セレン Se など、必要な量はとても微量ですが、なくてはならない金属イオンもあります。これらの金属イオンは、さまざまなタンパク質、特に酵素の活性の中心部分を担うアミノ酸に結合している場合が多く、これらの金属イオンがないと酵素活性を失うなど、全く働くことができないタンパク質もたくさんあるのです。

表1 ● 金属元素を含む主な物質とその働き

物質	働き
リン酸カルシウム	骨などの主成分で、次の3つの構造をもつ $Ca(H_2PO_4)_2$　$CaHPO_4$　$Ca_3(PO_4)_2$
炭酸カルシウム $CaCO_3$	貝殻、カニ・エビの殻、真珠など
鉄 Fe	赤血球ヘモグロビンのヘム
ナトリウム Na、カリウム K、カルシウム Ca	電解質イオン

表2 ● 表1に示した以外に微量ではあるが、ヒトの体に必要な元素とその働き

元素	働き
フッ素 F	骨や歯に含まれる
ケイ素 Si	骨や結合組織に含まれる
バナジウム V	酵素に結合している
クロム Cr	酵素に結合している
マンガン Mn	酵素に結合している
コバルト Co	酵素に結合している
銅 Cu	酵素に結合している
亜鉛 Zn	酵素に結合、DNA結合タンパク質に結合
セレン Se	酵素に結合している
モリブデン Mo	酵素に結合している
スズ Sn	必須微量元素だが、分子レベルの機能は不明
ヨウ素 I	チロキシン（甲状腺ホルモンの一種）に結合

3-7 エネルギー通貨とよばれる物質

―― ATP のはなし

　電車には電気、自動車にはガソリンが必要なように、私たちがさまざまな生命活動を行なうときも、エネルギーのもととなる物質が必要です。私たちは、おなかがすくと砂糖やデンプンのような炭水化物を欲しがりますが、炭水化物を直接、私たちのエネルギー源にしているわけではありません。私たちは体内で、細胞呼吸を行ない、ブドウ糖のような炭水化物を分解してそこから得られるエネルギーをいったん、エネルギー物質に貯えます。

　<u>このエネルギー物質は、アデノシン三リン酸（略して ATP：Adenosine triphosphate）とよばれ、核酸の一種アデニン（A）と RNA を構成する五炭糖のリボースが結合したアデノシンという物質に、リン酸が 3 分子、直接につながった構造をしています</u>。体じゅうのどの細胞や組織でもエネルギー物質として働くので、エネルギー通貨ともよばれることがあります。

　ATP のリン酸どうしの結合には高いエネルギーが貯えられていて、その結合が切れると高いエネルギーが発生するため、この結合は「高エネルギーリン酸結合」とよばれています。ATP の高エネルギーリン酸結合が切れると、ATP は ADP（アデノシン二リン酸）とリン酸に分解されます。そのとき発生したエネル

ギーがさまざまな生命活動に利用されます。それでもエネルギーが足りないとき、ADPからさらにもう1分子のリン酸を切断して、エネルギーを発生させることがあります。こうしてできたのがAMP（アデノシン一リン酸）です。

しかし、ATPは核酸にも利用されるくらい生体内では貴重な物質なので、筋肉のように大量のATPを消費する組織では、ATPだけではエネルギー通貨がとても足りません。そこで、ATPに含まれる高エネルギーリン酸結合を**クレアチン**という別の物質につくらせて、クレアチンリン酸の状態で、たくさんの高エネルギーリン酸結合の貯蓄をしています。そして筋肉が収縮するとき、必要に応じてクレアチンリン酸からリン酸をADPやAMPに供給して、ATPを合成し、エネルギー通貨として再利用しているのです。

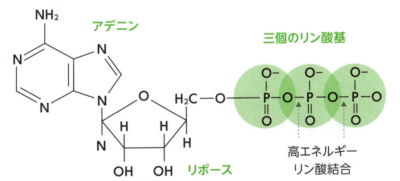

図9 ● アデノシン三リン酸（ATP）の化学構造式

塩基の一種アデニンと、五炭糖の一種リボースが結合したものをアデノシンという。アデノシンにリン酸が一個結合したものが、アデノシン一リン酸（AMP）、リン酸が二個結合したものがアデノシン二リン酸（ADP）、三個結合したものがアデノシン三リン酸（ATP）となる。

ホルモンとは何か？
―― 細胞間のコミュニケーション

　ホルモンと聞くと、焼肉を思い出す人が多いのではないでしょうか。ホルモン焼きのホルモンはブタなどの内臓料理のことですが、内臓には活力を生み出すホルモンが含まれていることからホルモン焼きという言葉が定着したといわれています。ここでは焼肉の話ではなく、ホルモン焼の語源になった、私たちの体に必要な物質のひとつとしてのホルモンの話をしたいと思います。

　ホルモンは、私たちの体内のどこかの臓器（内分泌器官）で合成されて、血液中に分泌される物質で、それを受け取った臓器（標的器官）は何らかの反応を示します。すなわち、ホルモンは、体内の離れた場所にある細胞や組織の間で、情報交換をするコミュニケーションの1つの手段と考えることができます。

　ホルモンは血中を通って離れた場所にある細胞に情報を伝えますが、近くの細胞に働くこともあります。これを**傍分泌**といいます。また、分泌した細胞自身に働く場合を**自己分泌**といい、これらを内分泌と区別することもあります。ホルモンやホルモンに似た物質をすべてまとめて**生理活性物質**ということもあります。

　それでは、ホルモン以外で、体内の細胞間コミュニケーション手段にはどんなものがあるのでしょうか。それには、神経による

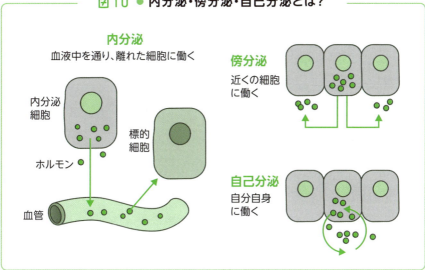

方法と、神経内分泌という方法があります。3つの方法を比べてみましょう。まず、ホルモンによる内分泌は、標的臓器に届くまでに時間がかかります。ホルモンを受け取った細胞によってはホルモンに全く反応しない細胞もあるので、受け取った人によって反応が異なるダイレクトメールにたとえることができます。2つ目は神経による興奮で、瞬間的に相手に届くので電話にたとえることができます。3つ目は神経内分泌という方法で、神経から刺激を受け取った細胞がホルモンを分泌する方法です。これは、受け手の近くまでは情報は瞬時に届きますが、相手がその情報を得るには化学物質を介するため、届いても受け手が見るまでは情報が伝わらないファックスや電子メールにたとえることができます。

　また、ホルモンとよく似た言葉に、フェロモンがあります。フェロモンは、ある個体が体の外に分泌した化学物質で、それを受け取った別の個体が何らかの反応を示します。ホルモンが同じ個体

内で情報を伝える物質、フェロモンは別の個体に情報を伝える物質であると考えるとわかりやすいと思います。フェロモンには、オスがメスを引きつける性フェロモンや、通った道を仲間に知らせる道しるべフェロモンなどがあります。

　これまでにホルモンは 100 種類以上も発見されていて、今後も新しいホルモンが発見される可能性があります。従来は単なる血液ポンプと考えられていた心臓が、じつはホルモン（心房性ナトリウム利尿ペプチド：ANP）を合成・分泌する内分泌器官であるとわかりましたし、肥満の根源と考えられていた脂肪組織は、じつは食欲抑制ホルモン（レプチン）を分泌して食欲中枢に働き、食欲を抑えていたなど、新たなホルモンや新たな機能が発見されています。

　私たちの体は、さまざまな細胞や組織、器官が協調的に働くことで、常に一定の状態を保っています。あるホルモンが分泌されすぎると、分泌を抑制する方向に働き、ホルモンが多すぎたり少なすぎたりしないように、うまく調節されています。

　私たちの体をオーケストラにたとえると、指揮者に当たる内分泌器官が存在します。それは、大脳の下からぶら下がっている豆粒状の臓器で、脳下垂体とか、単に下垂体とよばれる部分です。ここでは、視床下部からの指令を受けて、さまざまな臓器に働きかける各種の刺激ホルモンを合成・分泌しています。下垂体は前葉と後葉とよばれる大きく分けて 2 つの部分が存在し、それぞれ別々のホルモンを合成しています。下垂体前葉からは、成長を促進する成長ホルモン、乳汁の分泌を促すプロラクチン、甲状腺刺激ホルモン、副腎皮質刺激ホルモン、性腺刺激ホルモンが合成・

分泌されます。

　下垂体からの刺激を受けて、甲状腺では代謝を促す甲状腺ホルモン、副腎皮質からは、糖質コルチコイド、鉱質コルチコイドなどが合成・分泌されます。

　また、忘れてならないのは、膵臓から分泌される2種類のホルモンです。ひとつは血糖値を下げる働きをするインスリンで、このホルモンの分泌が低下したり、標的器官の反応が悪くなったりすると、糖尿病になります。一方、膵臓では、血糖値を高めるグルカゴンというホルモンも合成・分泌しています。膵臓は、十二指腸に分泌する消化液を合成する臓器であるばかりでなく、ホルモンを合成して血液中に分泌する内分泌器官でもあるのです。

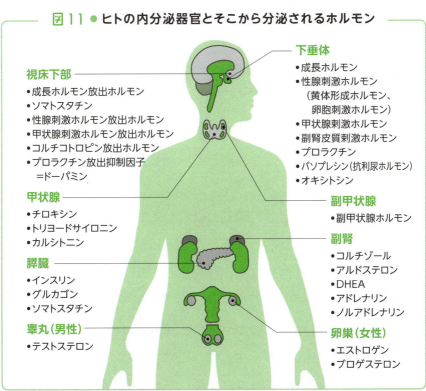

図11 ● ヒトの内分泌器官とそこから分泌されるホルモン

視床下部
- 成長ホルモン放出ホルモン
- ソマトスタチン
- 性腺刺激ホルモン放出ホルモン
- 甲状腺刺激ホルモン放出ホルモン
- コルチコトロピン放出ホルモン
- プロラクチン放出抑制因子
　＝ドーパミン

甲状腺
- チロキシン
- トリヨードサイロニン
- カルシトニン

膵臓
- インスリン
- グルカゴン
- ソマトスタチン

睾丸（男性）
- テストステロン

下垂体
- 成長ホルモン
- 性腺刺激ホルモン
　（黄体形成ホルモン、
　　卵胞刺激ホルモン）
- 甲状腺刺激ホルモン
- 副腎皮質刺激ホルモン
- プロラクチン
- バソプレシン（抗利尿ホルモン）
- オキシトシン

副甲状腺
- 副甲状腺ホルモン

副腎
- コルチゾール
- アルドステロン
- DHEA
- アドレナリン
- ノルアドレナリン

卵巣（女性）
- エストロゲン
- プロゲステロン

3-9 植物にもホルモンがある？

――植物ホルモン：オーキシンやジベレリン、花成ホルモンのはなし

　動物の場合、ホルモンが多すぎたり足りなくなったりすると、体調不良になったり糖尿病などの重大な病気になるので、ホルモンの重要性に気付きやすいですが、植物にもホルモンがあるといっても、あまりなじみがないかもしれません。しかし、種子から出た芽は上に向かって伸びる一方で、根は逆に下に向かって伸び、また、芽の先端は日当たりがよい方向に向かって伸びていくなど、植物には体全体を協調的に一定の方向へ向かわせるしくみが備わっていることには、どなたも気づいていることでしょう。これは植物の細胞が植物ホルモンを分泌して、周囲の細胞に働きかけるため、細胞どうしが協調して、同じ方向に曲がるためなのです。

　ただし、植物の場合は、動物とは違って特定の内分泌器官がホルモンをつくるということはありません。しかも、植物ホルモンが働く特定の標的器官もなく、植物ホルモンが働く場所もはっきりとは決まっていないのです。

　現在では、働きがよくわかっている植物ホルモンには、オーキシン、ジベレリン、サイトカイニン、エチレン、アブシシン酸、ブラシノステロイド、ジャスミン酸、そして最近明らかになった

花成ホルモン（フロリゲン）などがあることが知られています。

　このうち、**オーキシン**と**ジベレリン**には植物の生長を促す作用があります。オーキシンは、細胞壁をゆるめることで、細胞が水分を吸って膨らむことができるようにして、茎の成長を促進します。ジベレリンは日本人が発見した植物ホルモンとして有名です。イネの病気に「馬鹿苗病」といって、苗が異常に伸びてひょろひょろになり、簡単に倒れたり、枯れたりする病気があります。1920年代に入り、台湾にいた黒沢英一によって、カビの一種「馬鹿苗病菌（ジベレラ）」が分泌する物質が原因であることが明らかにされました。1930年代には東京帝国大学の薮田貞次郎らがこの物質の単離、結晶化に成功し、ジベレリンと名付けました。ジベレリンは細胞骨格の微小管の方向を制御して、細胞が縦に伸びやすくしています。

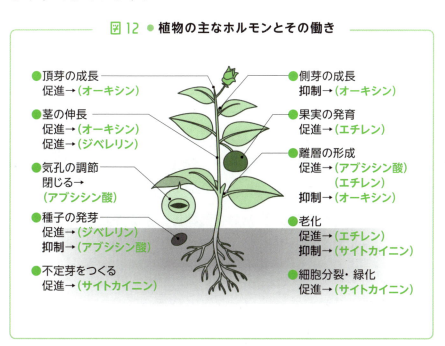

図12 ● 植物の主なホルモンとその働き

エチレンは気体であるにもかかわらず、植物ホルモンの一種に挙げられています。エチレンには果実を成熟させる働きがあります。リンゴの実はエチレンを発生させるので、傍らにバナナを置いておくとバナナの成熟が早く進みます。そしてアブシシン酸には紅葉を促す作用や種子の発芽を抑制する働きがあることが知られています。

花を咲かせるときも植物ホルモンが関係しています。花の咲く時期が、植物の種類によって決まっているのは、皆さんもご存知ですね。桜は春に、菊は秋に咲くという具合です。植物が季節の移り変わりを知り、花の咲く時期を決めるのには、日の長さが関係しています。春に咲く花は、長日植物といって、夜が短くなることを感じて花芽を付けます。逆に秋に咲く植物は短日植物といって、夜の長さが長くなることを感じとって、花芽を付けるのです。

日の長さは葉で感じとって、葉から茎の先端に運ばれ、花芽づくりを開始させる物質の存在は 1930 年代から知られていて、花成ホルモン（フロリゲン）という名前でよばれていました。しかし、その正体が突き止められたのは、2007 年のことでした。

この物質の正体は、FT タンパク質というタンパク質で、FT 遺伝子（Flowering Locus T）からつくられます。この FT タンパク質が葉でつくられて、茎の中を移動し、茎の先端にある茎頂という部分にたどり着きます。すると、FD タンパク質という別のタンパク質と結合し、花芽形成遺伝子（AP1 遺伝子）の働きを促進します。これがきっかけとなって花芽が形成され、花が咲くのです。

せいぶつの窓

快楽物質とはどのようなものか？

　私たちの快楽にはある物質が関係しているのをご存知でしょうか。

　私たちが「楽しい」とか、「嬉しい」とか幸福感を感じるのは、脳内の神経伝達物質のうち、ドーパミンやセロトニン、そしてβ-エンドルフィンという物質が関係しています。これらの物質は神経細胞が合成・分泌し、それが周囲の神経細胞に作用すると、私たちは幸福感を覚えるのです。

　ドーパミンはアミノ酸の一種チロシンからつくられるカテコールアミンとよばれる化合物の仲間です。この物質は、驚いたときやストレスを感じたときに交感神経の末端や副腎髄質から分泌されるアドレナリンやノルアドレナリンの原料にもなります。パーキンソン病（手足がふるえたり、筋肉が固まったり、歩けなくなったりする病気）は、脳内のドーパミン不足が原因であることが知られています。

　セロトニンは、ドーパミンと同じく神経伝達物質の一種で、アミノ酸の一種トリプトファンからつくられます。セロトニンが神経細胞間のシナプスに不足するとうつ病になることが知られていて、抗うつ薬として、セロトニンを神経細胞にとり込まれにくくする（シナプスに不足しないようにする）薬が何種類も開発されています。

　ドーパミンやセロトニンはどちらも快楽物質ですから、薬として飲んだら快楽が増すだろうと考えがちですが、実際はそう簡単にはいきません。これらの快楽物質が多すぎても、さまざまな病気になることがあるからです。たとえば、抗うつ薬として知られる SSRI を大量に服用すると確かに脳内のセロトニンは増えますが、今度は、セロトニン中毒といって、頭痛、めまい、

吐き気を伴うこともあるのです。さらにひどくなると昏睡を引き起こし、最悪の場合、死にいたることもあります。

　それでは、β-エンドルフィンの場合はどうでしょうか。この物質は、ドーパミンやセロトニンとは異なり、ペプチドの一種です。下垂体前葉から副腎皮質刺激ホルモン（ACTH）が分泌されますが、β-エンドルフィンもこのホルモンと同じ遺伝子からつくられ、もともとはプロオピオメラノコルチン（POMC）という同じペプチドの中に含まれています。何らかのストレスにさらされると、POMCから切り出されて、β-エンドルフィンが生じ、それが神経に働くとモルヒネと似た鎮痛作用を示し、幸せな気分になります。そのため、β-エンドルフィンは脳内麻薬ともよばれているのです。β-エンドルフィンは、アスリートがマラソンなど激しい運動をしたときに分泌されるので、このときの多幸感をランナーズハイということがあります。

　β-エンドルフィンを薬として飲むことはできないのでしょうか。この物質はペプチドの一種なので、飲み薬として飲んでも胃腸で消化されてしまうでしょうし、血液中に注射で入れても脳には異物が侵入できないしくみ（脳血管関門）があるため、おそらく脳内にまでは到達しないでしょう。どうしてもβ-エンドルフィンを増やしたいのなら、マラソンなど激しい運動をして自分でつくる以外には方法はないと思われます。

遺伝子とDNAの正体をさぐる

4-1 親から子へ何が伝わるのか

—— メンデルが発見した遺伝子とは？

　親子が似ているというのは、顔や体形だけでなく、しぐさや性格まで、ありとあらゆることに関係します。これらの多くが、「血のつながり」という言葉で端的に表されるように、昔の人たちは、親子が似ているのは、同じ血を受け継いだからだと信じてきました。

　<u>それでは果たして親子は血でつながっているのでしょうか。いいえ、それは間違いです。</u>血液型を考えてみるとそれが間違いだとすぐにわかります。もしも父親がA型、母親がO型であったとして、母親の胎内にできた子どもがA型だったらどうなるでしょうか。もしも母親と子どもの血液が混ざり合ったとしたら、母親は拒絶反応を示し、母親の免疫機構が子どもを異物とみなして攻撃を仕掛けるでしょう。実際はそんなふうにならないのは、母親と子どもの血液は胎盤を隔てて互いに混ざり合わないからなのです。

　それでは、子どもは両親から何を受け継ぐのでしょうか。父親の精子と母親の卵細胞が受精すると、受精卵は発生を開始し、次第に胎児の体ができていくのですが、このとき両親からは、精子と卵細胞という2つの細胞を受け継いでいます。それらの細胞内には、父親の遺伝情報であるゲノム（1 − 10 参照）が1セッ

ト、母親からも1セット含まれています。両親のゲノムが子ども の細胞に受け継がれて、親に似たさまざまな特徴が現れます。

遺伝子が発見される以前は、両親から受け継いだ液体が互いに 混ざり合って子どもに現れると考えられていました。たとえば、 顔つきは父親に似ているけれど、行動パターンは母親に似ている といった具合に受け継ぐ特徴は人によって様々です。そのため、 親から子どもに伝わるものは、じつに複雑なものに違いないと考 えられていたのです。

しかし、オーストリアの司祭グレゴリー・メンデルは、エンド ウマメの栽培を通して、遺伝子は液体のようなものではなく、粒 のようなものであることを証明したのです。彼は、エンドウマメ のさやの色や形、豆の色や形などに着目し、これらの形質が、親 から子へどのように伝わるかを観察し、数学的な抽象概念にまで 発展させたのでした。

彼が発見した粒状の因子は現在、「遺伝子」とよばれていま す。メンデルが発見した法則は、3つ（優性※の法則、分離の法則、 独立の法則）あります。

※注：日本遺伝学会は、優性→顕性、劣性→潜性と言い換えることを提唱しています。

たとえば、親子の顔を見比べると、目の色は父親に似ているが母 親には似ていないというふうに、子どもには、両親の形質のうちど ちらかが現れ、中間の色にはなりません。これが優性の法則です。

分離の法則は、私たちは誰でも同じ遺伝子を2個ずつもってい て、卵子や精子にはそのうちどちらか1個だけ入るというも のです。よって、卵子と精子が受精してできた受精卵は、父親と 母親から同じ遺伝子を1個ずつ受け取ることになります。

第4章

遺伝子とDNAの正体をさぐる

そして、独立の法則は、「目の色」と「口の形」のように、別々の形質は互いに独立して親から子へ伝わるといったものです。つまり、目の色と口の形が両方とも父親に似ることもあるし、どちらか一方だけ父親に似ることもあり、両方の形質が必ず片方の親に似ることはないというものです。

これらの法則には例外もありますが、メンデルはエンドウの交配実験を通じて、遺伝学の基礎を築いたのです。

ここでは、メンデルが行なった実験を通して、もう少し具体的に考えてみましょう。エンドウマメの花の色に着目して、赤花と白花の個体をかけ合わせると、その子どもは赤色と白色の中間の色でなく、全部赤色になりました。このとき、子どもに現れた赤色を優性、現れなかった白色を劣性といいます。次に子どもどうしをかけ合わせると、赤花だけでなく白花も出現しました。そして、赤花：白花の比率が３：１になったのです。この現象は、記号を使うとわかりやすくなります。赤花を A、白花を a で表し、それをかけ合わせると Aa となり、この場合は優性 A の性質が出るからすべて赤花になります。Aa どうしをかけ合わせると、A と a どうしの組み合わせなので、AA、Aa、aA、aa の４種類の子どもができます。このとき AA、Aa、aA は優性 A の性質が出るので赤花になり、aa のみが白花になります。よって３：１の割合になるのです。

次に、２つの全く異なる形質について独立の法則が成り立つかどうかみてみましょう。エンドウマメの豆の色と形に着目したところ、黄色で丸い豆、黄色でしわの豆、黄緑色で丸い豆、黄緑色でしわの豆が見つかります。そこで黄色で丸い豆と黄緑色でしわ

の豆を交配してみたところ、子どもの代には、黄色で丸い豆ばかりができました。

　色をアルファベットのAまたはa、形をBまたはbで表すこととし、子どもの代で出現した形質を優性として大文字で、出現しなかった形質を小文字で表しました（図1）。それぞれの個体は同じ遺伝子を2個ずつもっているので、黄色で丸い豆はAABB、黄緑色でしわの豆はaabbで表すことができます。すると、子どもはAaBbとなり、子どもどうしをかけ合わせた孫の代には、黄色で丸い豆：黄色でしわの豆：黄緑色で丸い豆：黄緑色でしわの豆が9：3：3：1の割合で現れます。

　ここで、豆の色だけに着目すると、黄色い豆：黄緑色の豆は3：1の割合で生じ、豆の形だけに注目すると、丸い豆：しわの豆は3：1の割合で生じます。これは、豆の色と形は別々の形質として全く独立に親から子に伝わることを表しています。これが独立の法則です。

　分子生物学が発展し、もっと複雑なことがわかった現在でも、メンデルの法則は遺伝学を学ぶ際の一番の基本になっています。

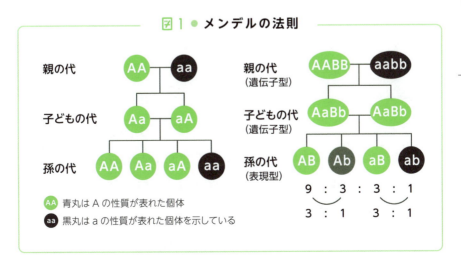

図1 ● メンデルの法則

遺伝子の実体は何か？
── DNA が遺伝子の本体である証拠

　現在の生物学では、遺伝子の実体が DNA という物質であることは常識となっていますが、1940 年代には、遺伝子はタンパク質に違いないと考えられていました。DNA は糖と塩基という単純な物質から成り立っていたため、とても複雑な遺伝情報を担うことなどできないと考えられ、一方、タンパク質は 20 種類ものアミノ酸から構成され、タンパク質ごとにその組成が異なり、とても複雑な物質だったからです。

　それでは、どうして遺伝子の実体がタンパク質ではなく、DNA であるとわかったのでしょうか。それは、カナダ生まれのアメリカ人研究者のオズワルド・アベリー（またはエイブリーともいう）の貢献が大きいとされています。彼は、肺炎レンサ球菌に病原性の S 型菌と非病原性の R 型菌がいて、死滅させた S 型菌に生きている R 型菌を加えると、病原性の S 型が現れる現象に着目しました。これを R 型菌の S 型菌への形質転換といいますが、彼はこの現象を引き起こす物質が何であるかを調べたのです。死んだ S 型菌からタンパク質を除き、DNA だけにして R 型菌に入れたところ、形質転換が起こりました。

　こうして 1944 年に、アベリーは形質転換させる物質（これ

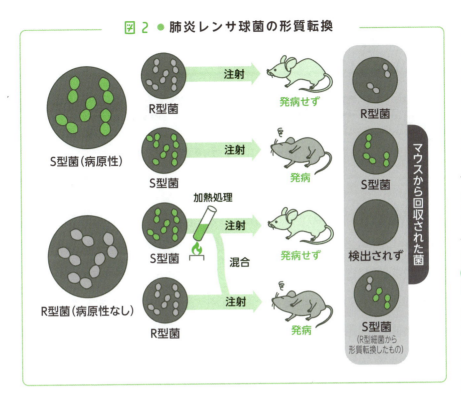

図2 ● 肺炎レンサ球菌の形質転換

こそが遺伝物質）がタンパク質ではなく、DNAであることを証明しました。しかし、当時の学者たちの多くは、アベリーの発見がにわかには信じられず、アベリーが精製したDNAにはタンパク質がまだ含まれていて、それが形質転換を引き起こしたという意見が出たほどでした。

状況が一変したのは、DNAの立体構造が解明された1953年のことでした。アメリカ人の分子生物学者のジェームズ・ワトソンとイギリスの科学者フランシス・クリックが、DNAのX線回折の写真をもとに、DNAの二重らせん構造モデルを発表したのです。これが、遺伝子の本体がDNAである決定的な証拠になりました（3-4の図6参照）。

4-3 ハエの研究がヒトの研究に役立つ

―― 体づくりのホックス遺伝子の発見

　遺伝の研究は、親から子へと世代を超えて伝わるものを調べるので、人間のような寿命の長い生物を使ったのでは、なかなか遺伝現象を調べることが難しいと考えられます。そこで、分子生物学者は、一生の短い大腸菌などを用いた研究を始めました。しかし、大腸菌の形の特徴を見つけてその違いを調べるのは難しく、もっと高等な生物の遺伝研究が望まれていました。

　<u>アメリカ人の遺伝学者、トーマス・モーガンは、キイロショウジョウバエという、果物に集まる小さなハエに着目しました。</u>そのハエに白眼の個体を発見して、その特徴がどのように遺伝するかを調べることによって、遺伝学の基礎がつくられていきました。しかし、自然界では突然変異の起こる確率が低いため、ショウジョウバエにX線を当ててさまざまな突然変異体がつくられるようになりました。

　現在までに、ショウジョウバエを用いた遺伝学の研究は、分子生物学や発生学と結びつき、さまざまな成果を上げています。

　それでは、これまでにどのような突然変異体がつくられたのでしょうか。まずは、眼の色や形が変化したもの、ハエの翅（はね）は2枚ですがそれが4枚になったもの、顔の触角が生える場所から、

肢が出ているもの、そしてもっとも驚くのは、体じゅうに眼があるショウジョウバエがつくられたことです。

「生物学者は変な生き物をつくるのでは？」と思われると困るので、彼らの主張を代弁しておくと、これらの奇妙な突然変異体の作成は、生物の体がどのようにしてつくられるかを遺伝子レベルで調べるのに必要なのです。たとえば、顔から肢が生えた個体は、体の構造をつくる遺伝子が壊れると、全く別の場所から肢が生えてくる可能性を示していますし、体じゅう眼だらけの個体は、眼のできる場所を決める遺伝子が壊れると、体のどこにでも眼ができる可能性を示唆しています。さらに２枚翅から４枚翅になった個体は、体の前後を形づくる**ホックス遺伝子群**の発見につなが

図3 ● ショウジョウバエの４枚翅の突然変異

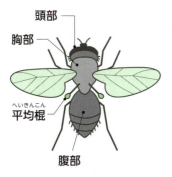

昆虫の体は頭部・胸部・腹部に分かれ、胸部はさらに前胸・中胸・後胸の3つの体節に分かれる。
各胸部体節には一対の脚があり、中胸と後胸のそれぞれに一対の翅がある。ハエでは後胸の翅は退化して平均棍という棒になっているので、翅は中胸の一対である。
左のイラストは正常なキイロショウジョウバエ。

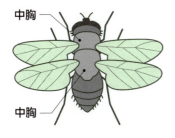

ウルトラバイソラックス遺伝子に突然変異が起こると4枚翅になる。これは後胸をつくる遺伝子が壊れ、後胸に中胸と同じ構造をつくってしまったことによる。

109

りました。さらにこの遺伝子群は昆虫だけでなく、人間を含むすべての脊椎動物にも存在することが明らかになったのです。

図4 ● ショウジョウバエのアンテナペディア突然変異

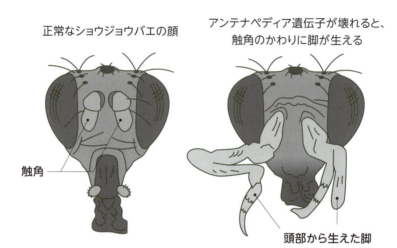

正常な個体では、頭部から触角が生えるが、アンテナペディア遺伝子に突然変異が起こると、触角のかわりに脚が生える。

4-4 遺伝子を切ったり貼ったりする方法

—— 遺伝子組み換えの基礎知識

　遺伝子の本体がDNAであることがわかると、DNA鎖を切ったり貼ったりして、比較的自由に遺伝子を変化させたり、変化させた遺伝子を使ってさまざまな特徴をもつ生物をつくることができるようになりました。

　まずは、遺伝子を切る「はさみ」と、遺伝子を貼る「のり」について説明しましょう。<u>「はさみ」に相当するのが「制限酵素」というもの</u>です。DNAの鎖には4種類の塩基が1列に並んでいて、その配列には遺伝子によって特徴があります。制限酵素は、ある特徴的な塩基配列だけを認識して切断します。図5をご覧ください。たとえば、有名な制限酵素EcoRI（エコアールワンと読む）はGAATTCという6塩基の並びを認識して、GとAの間に切れ目を入れます。すると、DNA 2本鎖は同じ場所でまっすぐ切断されるのではなく、AATTの4塩基が中途半端に残り、この部分は2重らせんにならず1本鎖のままになります。この部分は他のDNAのTTAAの部分を見つけ出し、そこと結合しようとする性質があるので、粘着末端とよばれます。

　あるDNAの断片を別のDNAに組み込むには、組み込みたいDNAと組み込まれる場所のDNAを同じ種類の制限酵素で

DNAを切断しておいて、同じ配列の粘着末端を作成しておけば、DNA分子どうしが自然に結合するのです。ただし、それだけでは、GとAの間は切断されたままなので、GとAを結ぶ背骨にあたるDNAの鎖を結合する必要があります。<u>それが「のり」にあたるDNAリガーゼ（DNA修復酵素）で、これを使うとDNA断片を別のDNA断片と結合させることができます。</u>このように、ある特定の遺伝子を別の遺伝子に結合させることを「遺伝子組み換え」といいます。

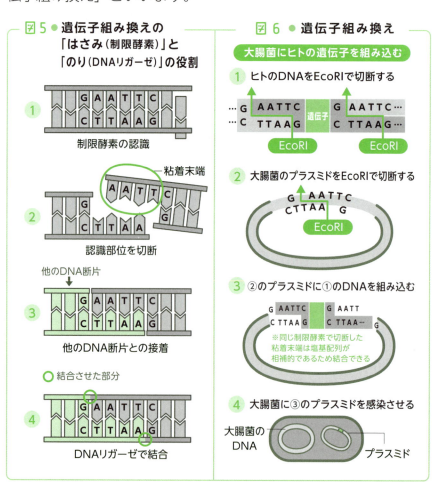

遺伝子組み換え作物の現状

―― GMOの利点と欠点

　作物の品種改良には、長年、優れた性質をもつ作物どうしを交配によってかけ合わせ、さらに優れた性質をもつ作物だけを選ぶ方法がとられてきました。しかし、この方法だと、品種改良にとても長い時間がかかる上、似たような品種どうしのかけ合わせからしか新しい品種をつくり出すことができません。しかし、近年では、遺伝子組み換えによって、全く別の生物種から目的の遺伝子を作物にとり入れて、優れた性質をもつ作物をつくることが可能になりました。これを**遺伝子組み換え作物**といいます。英語では、作物だけでなく、遺伝子組み換えが行なわれたすべての生物を対象に、**「遺伝的に修飾された生物」という意味のGMO (genetically modified organism)** とよばれます。

　日本では、遺伝子組み換え作物に対して消費者からの強い抵抗がありますが、世界的にみると、ダイズやトウモロコシなどは、すでに遺伝子組み換え作物が高い割合を占め、2016年の時点で、ダイズにいたっては全作付面積の94%も占めています。

　それでは、遺伝子組み換え作物はどのようにして作成され、どのような利点と欠点があり、どういう点が不安材料になっているか、まとめてみましょう。

図7 ● 遺伝子組み換え作物の例

除草剤

除草剤をかけても枯れないダイズ
→ 雑草を除く手間が省ける

トウモロコシの葉を食べた害虫が死ぬ
→ 殺虫剤を散布する手間が省ける

　まずは利点ですが、除草剤に耐性をもつ作物（例：除草剤ラウンドアップに耐性をもつダイズなど）や害虫抵抗性をもつ作物（例：殺虫性タンパク質の遺伝子を組み込んだ Bt- トウモロコシなど）が登場したため、散布する農薬の種類と量を大幅に減らすことができたことが挙げられます。そのおかげで大規模農業を行なうアメリカなどでは、生産コストを大幅に削減できました。
　一方、欠点については、主に人体への影響と生態系への影響が考えられます。遺伝子組み換えでは、もともとの生物には存在しなかった遺伝子を組み込むため、遺伝子組み換え作物を食物とし

て食べ続けた場合、その影響がどのように現れるかわからないのです。ネズミに遺伝子組み換え作物を食べ続けさせた実験では発がん性が確認されたという発表がある一方で、その反論もあるため、実際のところどうなのかは専門家によって意見が分かれています。

　そして、除草剤耐性の遺伝子が花粉などを通じて、作物以外の植物（雑草など）にとり込まれて働き、雑草に除草剤が効かなくなる恐れがあることが懸念されています。さらには、遺伝子組み換え作物ばかりが農場で育てられるモノカルチャー的な特殊な環境ができると、それがまわりの生態系にどのように影響するかわからない点があります。

　その一方で、人の口に入らない「切り花」のような遺伝子組み換え作物は消費者の抵抗感が少ないためか日本でも大規模に栽培されています。従来、バラは赤色、ピンク色、黄色、白色がほとんどでした。バラにはもともと青色遺伝子がないため、交配による品種改良では「青いバラ」は実現しませんでした。しかし、酒造メーカーのサントリーは2004年、バラとは無縁なペチュニアの青色遺伝子をバラに導入することに成功し、「青いバラ」が登場しました。

　さまざまな議論がある中で、遺伝子組み換え作物は今後もますます増加していくと考えられることから、いつまでも目が離せない状況になることでしょう。

新しい遺伝子組み換え技術
── ゲノム編集

　ゲノム編集とは、英語で genome editing といい、新しく開発された遺伝子組み換えの手法です。従来の遺伝子組み換えでは、目的の場所に遺伝子を入れることは難しかったのですが、ゲノム編集では、自分の入れたい場所に、目的の遺伝子を確実に入れることができます。従来の遺伝子治療では、壊れた遺伝子が悪さをしても、正常な遺伝子を別の場所に入れるしかできませんでした。しかし、ゲノム編集を使えば元の壊れた遺伝子を破壊して、そこに正常な遺伝子を入れることができるのです。そればかりではありません。従来の遺伝子組み換えでは、ベクターという遺伝子の乗り物を用意し、遺伝子が細胞内に入ったかどうかを調べるために抗生物質耐性遺伝子を一緒に入れる必要があったのですが、ゲノム編集ではベクターも余分な遺伝子も必要ありません。ZFN（ズィーエフエヌ、または、ジンクフィンガーヌクレアーゼ）、TALEN（タレン）、CRISPR/Cas9（クリスパー・キャスナイン）といった方法が中心に使われています。最近では、ゲノム編集は遺伝子治療の他、野菜や果物などの農産物、ブタやウシなどの畜産物、魚介類などの水産物に応用されています。この技術を使って、肉の量が1.5倍のタイや、腐りにくいトマトなどが次々

に生まれています。

　ゲノム編集によって、遺伝子組み換え技術は飛躍的に発展したことは確かですが、そういった遺伝子組み換え生物が世の中に増えてくると何が起こるかわからないと、警鐘を鳴らす科学者もいます。人間が望むように遺伝子組み換えを行なったとして、それがどのような影響を生み出すかがわからないというものです。たとえば、アフリカには鎌状赤血球貧血症という病気があり、ヘモグロビン遺伝子の変異によってこの病気が起こることが知られています。しかし、アフリカにはマラリアという恐ろしい病気があり、この病気の患者はマラリアにかかりにくいことがわかっています。この病気を遺伝子治療によって治したら、マラリアで死ぬ人が増えるのではないかと考えられているのです。

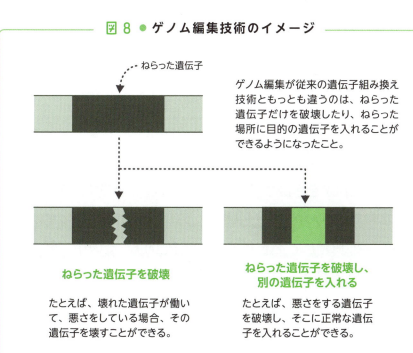

図8 ● ゲノム編集技術のイメージ

遺伝子を短時間で大量に増やす方法

—— PCR法の原理

　遺伝子組み換えが始まった1970年代頃は、もっぱら大腸菌を用いて研究が行なわれていました。つまり、大腸菌のもつ短い環状DNAのプラスミドに目的の遺伝子を組み換えて導入し、それを大腸菌の細胞内に入れて遺伝子を増やしていました。つまり、その当時は、遺伝子を増やすためには大腸菌のような生物の力が必要だと信じられていたのです。

　ところが、その常識を覆した一人の研究者がいました。その人はアメリカのバイオテクノロジーの企業シータス社のキャリー・マリス（Kary・Mullis）で、DNAの部品であるヌクレオチドとDNAを合成する酵素「DNAポリメラーゼ」を一緒に入れておき、人工的にDNAを合成する方法を思いついたのです。その方法は、彼によって、ポリメラーゼ触媒連鎖反応（polymerase-catalyzed chain reaction）と名付けられ、現在では、その頭文字をとって単純にPCR法とよばれています。

　この方法を簡単に説明すると、次のようになります。まず増やしたい2本鎖DNAと、DNAの材料であるヌクレオチド、増やしたいDNAの末端に結合する短いDNA断片（プライマーと

いう約20塩基対のオリゴヌクレオチド)、それに高温でも働くことのできる耐熱性DNAポリメラーゼを一緒に入れておきます。これを94℃くらいに温度を上げてDNAの2本鎖を1本ずつの鎖に解きほぐします。次に60℃くらいにまで温度を下げて、プライマーを1本鎖DNAと結合させます(アニーリングといいます)。再び72℃程度まで温度を上げて、DNAポリメラーゼを働かせ、1本鎖に対応するもう1本のDNA鎖を合成させます。そしてさらに温度を94℃に上げて2本鎖DNAを1本鎖に解きほぐす、といったサイクルを20サイクルほど続けると、目的のDNAを数万倍にまで増やすことができるのです。

マリスはこの業績によって、1994年にノーベル化学賞を受賞しました。現在でも、PCR法は世界中の研究室で使われていて、分子生物学の発展に大いに寄与しています。

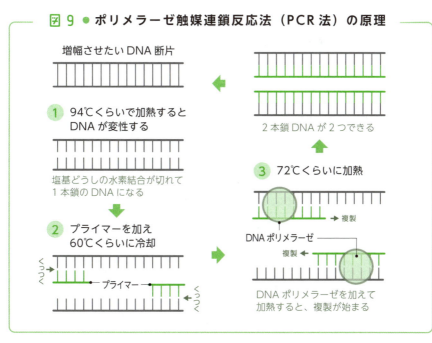

図9 ● ポリメラーゼ触媒連鎖反応法(PCR法)の原理

遺伝子の塩基配列決定法

―― DNAシークエンシング

　遺伝子の遺伝暗号は、DNAに含まれる4種類の塩基の並び方（塩基配列といいます）にあることが知られています。そして、この遺伝暗号は、タンパク質のアミノ酸の並び方を決定しています。タンパク質は、生体内で、物質の代謝や運動などありとあらゆる生命活動に積極的に働いているため、遺伝子の塩基配列を決めることはとても重要なことなのです。

　それでは、DNAの塩基配列決定にはどのような方法が考案さ

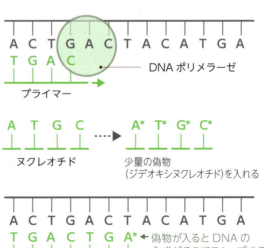

図10 ● DNA塩基配列の決定法

2 電気泳動法による DNA 断片の長さの違いによる分離

A C T G A C T A C A T G A* ← 偽物が入ったところで合成がストップしたDNA断片

A C T G A C T A C A T G* → DNAを分子量の大きさの違いで分離できる電気泳動法でDNA鎖を長さの順番に並べる

A C T G A C T A C A T*

A C T G A C T A C A* A*、T*、G*、C* 偽物のヌクレオチド4種類にはそれぞれ異なる蛍光色素が結合されている

A C T G A C T A C*

3 蛍光色素の読み取り

A C T G A C T A*

A C T G A C T*

A G T A C A T

蛍光色素の色を順番に読むと、それが調べたいDNAの塩基配列になる

れたのでしょうか。まずは、末端がある特定の塩基になるようにした DNA 断片を作成します。その作成法は次の 2 種類があります。

1 つめは合成法とよばれるもので、発見者の名前をとって**サンガー法**といわれています。すなわち、イギリスの生化学者のフレデリック・サンガー（Frederick・Sanger）は、DNA の部品であるヌクレオチドに偽物（ジデオキシヌクレオチド）を混ぜる

方法を思いつきました。DNA ポリメラーゼが DNA を合成するとき、この偽物が入り込むとそこで DNA の合成が止まるのです。この現象を利用して、ある特定の塩基の位置で合成を停止させた DNA 断片を合成させます。たとえば、アデニン（A）の偽物を使うと A の位置で合成が止まり、DNA の末端が A になります。4 種類の塩基に対してそれぞれ 4 種類の偽物を使うと、DNA 末端が A、T、G、C の 4 種類の DNA 断片をつくることができます（図 10 の①を参照）。これら 4 種類の偽物のヌクレオチドに色の異なる蛍光色素を結合させておくと、末端が A なら赤色、末端が G なら緑色というふうに、色分けすることができます。

　もうひとつの方法は化学分解法で、発見者の名前をとって「マキサム - ギルバート法」といわれています。DNA の特定の塩基を試薬で修飾することで、その位置で DNA が切断されやすくなることを利用しています。こうして DNA 末端がある特定の塩基をもつ DNA 断片を作成することができます。

　次に、末端がある特定の塩基をもつ DNA 断片からどのようにして塩基配列を決定するのでしょうか。図 10 の②をご覧ください。DNA 断片を長さの違いで分離する<u>電気泳動法</u>を使います。DNA 断片をスタート地点に並べておき、一斉に電気泳動をスタートさせます。すると、短い DNA 断片は早く移動し、長い DNA 断片はゆっくりと移動します。一番最初にゴールに到達した DNA から順番に、レーザーを当てて蛍光色素の色を読んでいきます。先ほど述べたように、末端の塩基の種類によって、蛍光色素の色が異なるので、色の順番が DNA の塩基配列になります。

4-9 ヒトゲノムとは何か？

―― ヒトゲノム計画がもたらした恩恵

　1－10でゲノムについて述べましたが、ここではゲノム解読の歴史について詳しくみていきましょう。生物の遺伝子がDNAで、その塩基配列が遺伝暗号だということがわかると、世界中の研究者が、さまざまな遺伝子を発見し、その塩基配列を決定するという作業が行なわれるようになりました。イタリア出身のウイルス学者リナート・ダルベッコ（Renato・Dulbecco：イタリア式にはレナート・ドュルベッコと発音）は腫瘍ウイルスや「がん遺伝子」の研究者でしたが、世界中から次々に新しい「がん遺伝子」が報告される様子をみるうちに、<u>「このままでは際限がないから、いっそのことヒトのもつすべての遺伝子を調べてしまったらどうか」</u>と1986年に最初に「<u>ヒトゲノム計画（人間の遺伝子を含むすべてのDNAの塩基配列を決定する計画のこと）</u>」を提案しました。しかし、その当時の技術では、ヒトのもつ30億塩基対すべての塩基配列を決定するには、何百年もかかるといわれ、とても現実味のない話に、誰もが計画の実行を躊躇したものでした。しかし、その後のDNA塩基決定法の進歩によって、その話が現実味を帯びてきました。

　日本では1987年に東大の和田昭允が世界に先駆けて、DNA

塩基配列決定の機械化を行ない、その成果を論文で発表したものの、国内ではあまり注目されない一方で、アメリカで大々的に報じられました。日本ではすごいことを始めたとアメリカ政府が危機感を感じ、本気になってヒトゲノムの解読に乗り出したのです。

　1988年、DNAの2重らせん構造の発見者のひとりジェームズ・ワトソンの呼びかけで「ヒトゲノム国際機構」が設立され、1990年に国際ゲノム計画が本格的にスタートしました。ところが、ヒトゲノム計画は、新薬の開発など医薬関係に大きな恩恵をもたらすかもしれないと、クレイグ・ベンターの率いる民間企業セレーラ社も独自にヒトゲノム解析に乗り出し、アメリカ政府を中心に日本も含む公的研究チームと激しい競争になったのです。

　多額の予算がこの計画に投じられた結果、DNAの塩基配列を決定する装置「DNAシークエンサー」の性能が格段と進歩しました。こうして2000年には、公的研究チームとセレーラ社が同時に「ヒトゲノム計画」をおおむね終了したと発表して、両者の競争には終止符が打たれたのです。そして、1953年にワトソンとクリックがDNAの構造を発表してからちょうど50年後の2003年に、最終的に「ヒトゲノム計画」が完了したと発表されました。

　この計画では、ヒトの遺伝子だけでなく、その前後の意味不明のDNA配列を含むすべての塩基配列（30億塩基対）を決定することで、その後の分子生物学の研究方法に大きな変化をもたらしました。それまでは、個々の遺伝子を1つずつ解析しては新たな遺伝子を発見し、その機能を調べるという方法がもっぱら行なわれてきたのですが、ヒトゲノム計画終了後には、ゲノム解析

から得られた膨大な情報から有用な情報を掘り出す「データマイニング」という方法がとられるようになりました。

　ヒトゲノム計画によって得られた知見は、病気の原因遺伝子の新たな発見や病気の診断方法の改善につながり、患者ひとりひとりに見合った診断や治療、すなわち「オーダーメイド医療」の発展につながっていくのです。

　オーダーメイド医療は、がんの治療などに役立っています。たとえば、従来、乳がんにかかった患者には一様に外科療法や抗がん剤治療などが行なわれていましたが、現在では患者の遺伝子のタイプを調べて、どのような抗がん剤が有効であるかを確認するようになったのです。こうすることで、患者にとっては自分の体質に合った治療を受けられることになりました。

4-10 日本人はどこから来たか？

── 遺伝子から探る先祖がたどった道筋

　ヒトとサルとは、どの程度遺伝的に違いがあるのでしょうか。それがわかると、人類の先祖がサルからいつ頃分かれたかがわかる可能性があります。じつはチンパンジーのゲノムは2005年に解読されていて、その結果によるとヒトとチンパンジーの差は1.23%であることが報告されています。しかし、30億塩基対の1.23%というのは、塩基数にすると3690万塩基対に相当しますから、決して小さい数字ではありません。塩基の違いから推定すると、今から約700〜800万年前にヒトの先祖はチンパンジーの先祖と分かれたことがわかりました。

　それでは、人種間の違いはどうでしょうか。まずは、人類はどこで誕生したかという点ですが、それは1－12「人類はどこで誕生したのか？」で説明しましたので、ここでは日本人はどこから来たかということを、世界中の人たちの遺伝子解析から推定してみましょう。

　1980年代から、生物の系統解析には、細胞のミトコンドリアに含まれる短い環状DNAの「ミトコンドリアDNA」が注目されてきました。ミトコンドリアDNAは、卵細胞と精子が合体して受精が起こるとき、母方の卵細胞のミトコンドリアだけが残り、

精子に含まれたミトコンドリアはすべて破棄されることから、母方の遺伝を調べるのに使われてきました。それによると、人類の先祖はアフリカで誕生し、アフリカン（黒色人種）からコーカソイド（白色人種）が分かれ、そこからモンゴロイド（黄色人種）が分かれたと推定されました。

　日本人とひとまとめにいっても、北は北海道のアイヌから南は沖縄までさまざまな人たちから構成されていますので、その遺伝子組成はかなり異なっています。日本には世界的にも珍しいM7a というグループがいますが、それはアイヌと琉球諸島に多く、本州には少ないという奇妙な分布をしています。

　また、Y 染色体は男性しかもっていないため、父親からの遺伝を調べるのに使うことができます。1990 年代に入ると、Y 染色体の塩基配列の違いをもとに日本人の系統を調べる研究が行なわれるようになりました。それによると、日本人には D2 系統とO2b 系統が多いことがわかりました。そのうち D2 系統は中国や朝鮮半島には少ないタイプで、本州や沖縄、アイヌに多いことから縄文人のタイプだと考えられています。もう一つの O2b 系統は、中国の長江が発祥で朝鮮半島やベトナムに多い系統で、日本へ稲作をもち込んだ人たちの集団と考えられています。

　ヒトゲノム計画の結果、DNA のさまざまな部分を使って人種の比較が可能になりました。特に SNP（スニップと読む）は一塩基多型（Single Nucleotide Polymorphism）の略で、個人ごとに変異の起こりやすい塩基のことを指しますが、100 万か所の SNP を調べることで信頼できるデータが得られました。国立遺伝学研究所の斎藤成也らの大規模な研究によると、アイヌ人

127

は琉球人に遺伝的にもっとも近く、次いで本州中央部に住んでいる人たちに近いことがわかりました。また、日本人は韓国人と同じグループを形成していることもわかり、以前からいわれていた<u>旧石器時代から日本列島で生活していた縄文人の系統と弥生系渡来人の系統が共存するという「日本人2重構造説」が支持される</u>結果となりました。

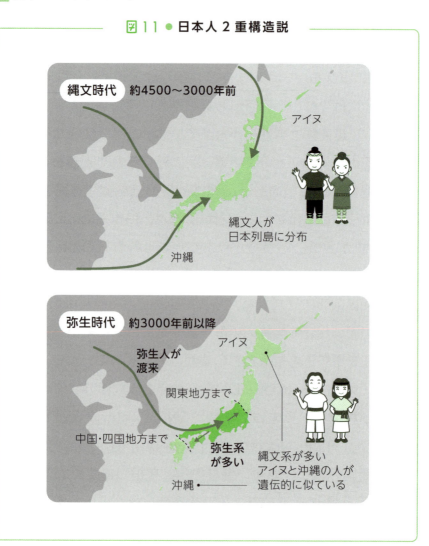

図11 ● 日本人2重構造説

4-11 日本人の多くがお酒に弱いわけ

—— アルデヒド脱水素酵素 2 型 ALDH2 の多型について

　日本ではお酒には極端に強い人と弱い人がいます。そのため、さまざまな人の集まる飲み会では自分はお酒を何杯飲んでも何でもないのに、ビールを 1 口飲んだだけで顔が真っ赤になる人がいて、不思議に思うことはありませんか。あるいはその逆に、自分は全くお酒が飲めないのに、どうして周囲の人は理解してくれないのだろうと思う人もいるかもしれません。確かに欧米ではお酒を飲めない人は少なく、欧米人とお酒の飲み比べをしたら絶対に負けるから最初からやめておいたほうがよいと忠告する人もいます。

　どうして、日本人にはお酒に強い人と弱い人がいるのでしょうか。それは、お酒に含まれるアルコールが分解してできたアセトアルデヒドという物質を無害な酢酸にまで分解できるかどうかが決め手になります。日本人には、アセトアルデヒドを分解するのに必要な「アルデヒド脱水素酵素 2 型（ALDH2）」の遺伝子に変異をもった人が多く存在し、その変異がある人は、お酒を少しでも飲むと、アセトアルデヒドをうまく分解できないために、その毒性が体にさまざまな反応を引き起こし、「お酒に酔う」という状態をつくり出すのです。お酒に強いか弱いかは、ALDH2 の

遺伝子のうち一か所のSNP（一塩基多型）の変異を調べればわかるので、自分がお酒に強いか弱いかを知りたければ、それを調べてくれる業者がいます。日本人の場合、1人の人間がもつ2つのALDH2遺伝子（父方からと母方から由来）が、両方ともお酒に強いタイプ（GG型）は50％強、片方だけ弱いタイプ（GA型）は40％弱、両方とも弱いタイプ（AA型）は5％前後といわれています。つまり、20人に1人はお酒が全くダメなタイプに属しているのです。

図12 ● アルコールの分解における個人差

アルコールの分解には個人差があり、それには、アルコール脱水素酵素2型(ADH2)とアルデヒド脱水素酵素2型(ALDH2)の変異が関与している。ADH2の47番目のヒスチジンHisがアルギニンArgに置き換わると、酵素活性が著しく低下する。また、ALDH2の487番目のグルタミン酸GluがリジンLysに置き換わると酵素活性が著しく低下する。アセトアルデヒドが悪酔いの原因物質であるので、ALDH2に変異をもつ人は体内にアセトアルデヒドが蓄積されやすい。つまりお酒に弱いことになる。

図13 ● アルデヒド脱水素酵素2型（ALDH2）の酵素活性に影響するSNP（スニップ）

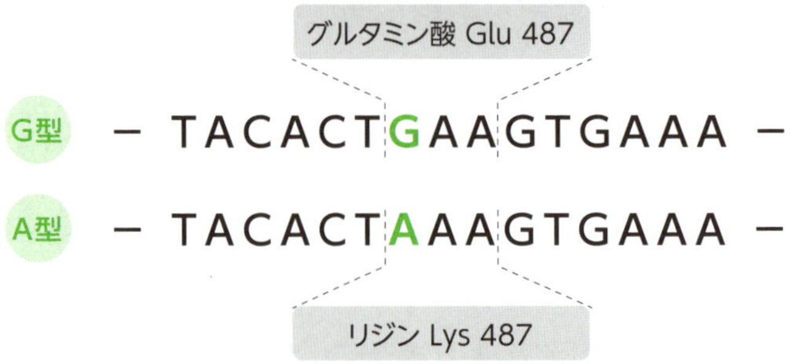

グルタミン酸 Glu 487

G型　— TACACTGAAGTGAAA —

A型　— TACACTAAAGTGAAA —

リジン Lys 487

国内で地域別にみると、北海道や東北、九州でお酒に強いタイプのALDH2遺伝子をもつ人の割合が高く、中部・北陸・関西地方でもっとも少ないことが知られています。

図14 ● アルデヒド脱水素酵素2型（ALDH2）遺伝子に変異をもつ人の分布

第5章

動物の発生のしくみ

5-1 前成説と後成説の論争

—— 遺伝子が発見されるまで

　皆さんは、ニワトリの卵（たまご）から、どうしてヒヨコが生まれてくるのか、不思議に思ったことはありませんか。とても単純にみえる卵から、たった20日ほどであれだけ複雑なヒヨコの体ができるのですから、不思議に思うのは無理もありません。

　それと同様に、「私たちの体がどのようにしてできるのか」という疑問に対しては、ずっと昔から興味がもたれてきました。「何もないところから、あれほど複雑な体ができるわけがない、きっと目に見えない小人がいて、それが次第に大きくなるのだ」という考えが出てくるのも当然かもしれません。このように、**卵の中には、子供の形の雛形（ひながた）がすでに存在しており、それが発生にしたがって展開していくだけ」という考え方は「前成説（ぜんせいせつ）」とよばれ、古代ギリシャ時代からずっと信じられてきました。**

　顕微鏡が発明されて精子が発見されると、卵（らん）よりも精子のほうがずっと活動的だという理由から、精子にこそ「子どもの雛形」が入っていて、卵は精子の栄養分に過ぎないという考え方まで登場し、精子の頭部に入って「ホムンクルス」という「子どもの雛型」が見えたというスケッチまで現れました。しかし、卵や精子の中に、ヒトの体の雛型が入っているという考え方は、現在では

否定されています。

　体の形は発生に伴って次第につくられるという「後成説」が正しいとされていますが、私たちの細胞の中に遺伝子が存在しているとわかった現在では、ヒトの体の雛形に相当するものが、遺伝子1セット、すなわち、ゲノムに当たるという考え方もあります。精子の中に小人が入っていたのではないけれど、体をつくる設計図としての遺伝子がそれに当たるというのです。こうして、前成説と後成説との間に展開されてきた議論は、遺伝子の発見によって大きく姿を変えていったのです。

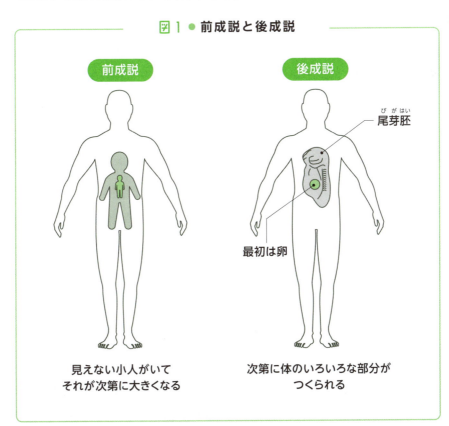

図1 ● 前成説と後成説

5-2 細胞の全能性とは何か？

―― 失った全能性を初期化する技術

　私たちの体は、数多くの細胞から成り立っています。これらの細胞はもともと1個の受精卵に由来するのですが、体ができていく過程で、心臓や肝臓、筋肉などを構成するさまざまな種類の細胞へと変わっていきます。**もともと1個の受精卵に由来する細胞が、特殊な働きをする細胞になる現象を細胞の分化といいます。**

　受精卵は1個の細胞ですが、その細胞が何回も分裂して非常に多数の細胞になり、それが体のすべての臓器や器官を構成するのですから、受精卵は将来どのような細胞にも分化できる能力をもっています。この性質を**全能性**といいます。受精卵が何度も繰り返し細胞分裂を繰り返していくうちに、ある細胞は特殊化して、将来はある特定の細胞にしか分化できなくなります。この現象を**全能性を失う**といいます。そして、その細胞が、将来、筋肉や血液の細胞など複数の細胞に分化できる能力をもっていることを**多能性**といいます。

　イギリスの発生学者ガードン（Sir.John Bertrand Gurdon）は、世界で初めて、**分化した動物細胞の核にも、その細胞をすべての細胞に分化させる能力があることを示した**ことで知られてい

ます。彼は、アフリカツメガエルの受精卵に紫外線を当てて、核に含まれる遺伝物質DNAを破壊し、そこにオタマジャクシの小腸から採取した上皮細胞の核を移植したところ、その受精卵はオタマジャクシまで発生が進んだというものです。

このように1度分化した細胞の核が、失った全能性を取り戻すことを<u>初期化</u>といいます。ガードンはその功績によって、iPS細胞を作成した京大の山中伸弥とともに、2012年度のノーベル生理学・医学賞を共同受賞しました。

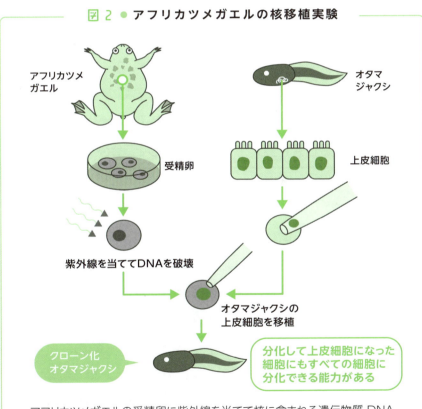

図2 ● アフリカツメガエルの核移植実験

アフリカツメガエルの受精卵に紫外線を当てて核に含まれる遺伝物質DNAを破壊し、そこにオタマジャクシの小腸から採取した上皮細胞の核を移植したところ、その受精卵はオタマジャクシまで発生が進んだ。

5-3 受精卵から胚ができるまで

――ウニの発生とカエルの発生

　1個の細胞の大きさは、だいたい数十ミクロン（1ミクロンは1000分の1ミリメートル）で、その大きさはだいたい一定しています。細胞の大きさに制約があるのは、物理学的な要因があるとされています。細胞のすみずみまで酸素や栄養分が行き届くのは、物質の分子運動に伴う「拡散（かくさん）」によるもので、細胞があまり大きすぎると、細胞の体積あたりの表面積が小さくなり、細胞内の一部が栄養不足や酸欠に陥（おちい）ってしまうと考えられているからです。また、核の遺伝情報をもとに合成されたタンパク質が細胞内を拡散によって移動するため、細胞が大きすぎると細胞のすみずみまで核の指令が伝わらなくなるためだともいわれます。

　よって、動物の発生においては、受精卵だけが他の細胞に比べてはるかに大きく、発生が始まるとその大きな細胞が次々に分裂していき、1個の細胞の大きさはみる間に小さくなっていきます。動物の発生に伴う、細胞の成長を伴わない細胞分裂のことを**卵割（らんかつ）**といって、通常の細胞分裂とは区別しています。

　ウニ卵の発生をみてみましょう。図3をご覧ください。受精卵は最初、2個、4個、8個のそれぞれ同じ大きさの細胞（割球（かっきゅう））に分かれていきますが、細胞が細かくなるにつれて、細胞の

粒つぶした様子が「桑の実」に似てくるので桑実胚といいます。さらに卵割が進むと胞胚になり、細胞は次第に卵表面に移動して、中央に空洞（卵割腔）ができます。

ここから一大イベントが始まります。表面を覆っていた細胞の一部が内部の卵割腔に向って落ち込み始め、その部分が長い筒状になって伸びていきます。この時期の胚を原腸胚といいます。そして反対側の表面にたどり着くと、そこの細胞とくっつき、卵の内部を1本の管が通ります。この管を原腸といい、将来、消化

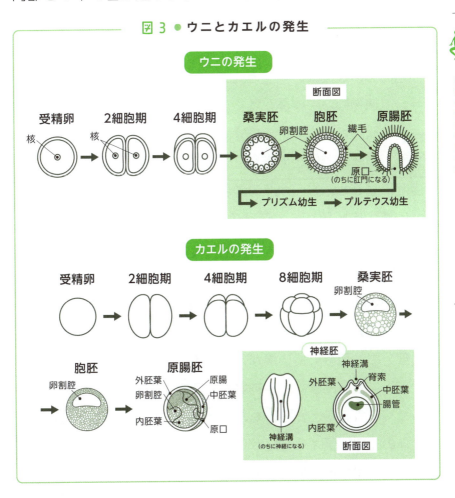

図3 ● ウニとカエルの発生

管になります。細胞が最初に落ち込んだ穴を原口といい、ここが将来、肛門になり、反対側が口になります。発生のごく初期に消化管ができるのは、動物が進化していく過程で、食べ物を体内にとり入れてそれを消化するしくみが、脳や神経系、血管、筋肉などよりも重要だったからにほかなりません。

原腸胚ができた後、ウニではプリズム幼生やプルテウス幼生を経て、最終的にイガイガしたウニになるのですが、私たちヒトを含めて脊椎動物の発生は、さらに複雑な形づくりをしますので、ここからはカエルの発生を紹介しましょう。

カエル胚では、原腸胚の初期に原口から原腸が胚の内部に落ち込み始めるのはウニの発生と同様ですが、カエルの場合は、卵の下半分（植物極）に卵黄が多く含まれるため、植物極側を包み込むように原腸が伸びていきます。

また、胞胚までは胚の表面に一層の細胞があるだけだったのに、原腸胚になると、原口が胚の内部に入る結果、胚の外表面の外胚葉、内側の内胚葉、およびその中間の中胚葉の 3 つの細胞層に分かれます。この 3 つの細胞層から将来つくられる器官は決まっていて、外胚葉からは、表皮と神経管が、中胚葉からは筋肉や骨などが、内胚葉からは、消化器官や肺がつくられます。

カエルの発生では、原腸胚ができた後、胚の表面の将来背中になる部分に、前後に長い溝ができます。その溝が内部に落ち込んで、前後に長い筒となり、神経管ができます。神経管が胚の表面からつくられることから、もともと原始的な動物では外からの刺激を体の内部に伝える神経が体の表面にあり、それが内部に落ち込んで、複雑な神経系や脳に進化していったことが想像できます。

5-4 心臓は心臓の細胞どうし、肝臓は肝臓の細胞どうしが集まって組織をつくるのはどうしてか？

—— カドヘリンの話

　私たちの体には、たくさんの臓器があり、それぞれ独自の働きを担っています。たとえば、心臓と肝臓は何が違うのでしょうか。じつは、これらの臓器を構成する細胞の種類がそれぞれ異なっているのです。心臓の組織をバラバラにして1個の細胞だけにしても、心臓の細胞は自発的に拍動を繰り返します。その一方で肝臓の細胞は、心臓の細胞のような拍動をすることはありません。また、心臓と肝臓の組織をバラバラにして、心臓の細胞と肝臓の細胞を一緒に培養しても、互いにくっつくことはありません。その代わり、心臓の細胞どうし、肝臓の細胞どうしがくっついて組織をつくろうとします。

　どうして、心臓の細胞は心臓の細胞とだけくっつき、肝臓の細胞とはくっつかないのでしょうか。それには、心臓細胞と肝臓細胞の表面にある**カドヘリン**というタンパク質が関係していることが知られています。カドヘリンは1984年に京大の竹市雅俊（たけいちまさとし）が発見した細胞接着タンパク質の一種で、詳しくみると、全部で10種類くらいあって、細胞の種類によって、カドヘリンのタ

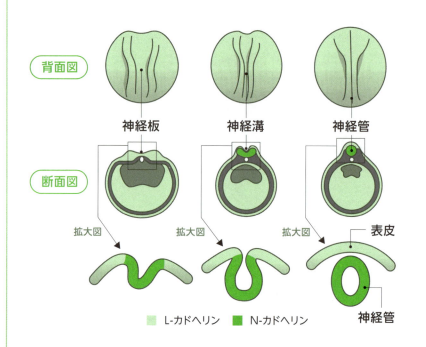

図4 ● アフリカツメガエルの神経管形成とカドヘリンの役割

脊椎動物の発生途中で、体の背中側の部分が体の内部に落ち込んで、神経管がつくられる。このとき、表皮にはL-カドヘリンがつくられる一方、神経管にはN-カドヘリンがつくられるため、神経管は表皮の細胞から離れることができる。

イプが異なっています。心臓細胞には心臓タイプのカドヘリンが、肝臓細胞には肝臓タイプのカドヘリンがあって、心臓タイプどうしは結合しますが、肝臓タイプとは結合しないのです。

　カドヘリンは細胞の表面に一直線上に並んで存在し、1個のカドヘリンが別の細胞の同じタイプのカドヘリンと結合すると、その隣りのカドヘリンどうしも結合し、まるでジッパーを閉めるように2つの細胞どうしをしっかりとくっつけることができます。

　カドヘリンは、動物の発生においても重要な働きをしています。

前の項目で述べた、神経胚における神経管づくりにおいて、カドヘリンはその働きを発揮します。まず、胚の表面の一部の細胞のカドヘリンの種類が L-カドヘリンから N-カドヘリンに変わることで、表面の細胞から離れます。そして、N-カドヘリンをもった細胞どうしがくっついて前後に細長い管をつくることで、神経管ができるのです。

第5章 動物の発生のしくみ

5-5 細胞の運命はどのようにして決まるのか？

—— オーガナイザーの正体

　カエルの発生では、受精卵から発生が進み、胞胚→原腸胚→神経胚→尾芽胚(びがはい)と進むうち、胚のそれぞれの部分にある細胞は、将来、どのような組織や器官を構成する細胞に分化するのかという**予定運命**が決まっていきます。それでは、細胞の予定運命はどの時期に決まるのでしょうか。

　ドイツの発生学者フォークトは、イモリの初期原腸胚の表面の細胞が将来、何に分化していくかを、局所生体染色法という方法を用いて調べました。これは、毒性の少ない色素を寒天片にしみ込ませておいて、胚の表面に押し当てて着色し、その色の付いた部分が将来どこの部分になるかを追跡する方法でした。すると、胚のそれぞれの部分の細胞は、その位置によって将来、神経になったり表皮になったりしました。彼はこの結果をもとにイモリ初期原腸胚の予定運命図を作成しました。

　それでは、原腸胚表面の細胞は、いつの時点で予定運命が決定されたのでしょうか。ドイツの発生学者ハンス・シュペーマン（Hans Spemann）はこの疑問に答えるため、色の違う2種類のイモリの胚を使って、初期原腸胚の予定神経域を切り取り、予

定表皮域に移植する実験を行ないました。すると、予定神経域の移植片は表皮に分化しました。その逆の実験、すなわち予定表皮域を予定神経域に移植すると、神経系に分化したのです。よって、初期原腸胚では、まだ予定運命が決定されていなかったのです（図5参照）。

　ところが、この実験を神経胚で行なってみると、細胞の予定運命はすでに決まっていて、予定表皮域は表皮に、予定神経域は神経系に分化したのです。このことから、細胞の予定運命は、原腸胚の時期に徐々に決まっていき、神経胚では予定運命が変更でき

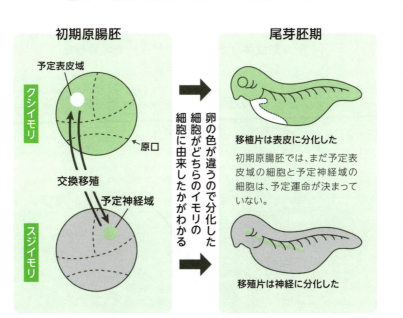

図5 ● 初期原腸胚を用いた交換移植実験

同じ実験を**神経胚**で行なうと予定表皮域からとった移植片は表皮に、予定神経域からとった移植片は神経に分化した。
この事から神経胚の時にはそれぞれの予定運命が決まっていたことがわかる。

なくなることがわかったのです。

　図6をご覧ください。シュペーマンは、さらに実験を進めていくうちに、予定脊索域にある原腸胚の原口の上の部分（原口背唇部）を他の同じ時期の原腸胚の腹側の予定表皮域に移植したところ、そこにもうひとつのイモリの頭部（第二の胚）がつくられることを発見したのです。原口背唇部は、自分自身は脊索に分化する一方で、まわりにあった予定表皮域に働きかけて、神経管をつくらせたのでした。シュペーマンは、原口背唇部を**形成体（オーガナイザー）**、予定表皮域の予定運命を変えて神経管をつくらせた現象を**誘導**と名付けました。

　シュペーマンが1924年に発表した、この形成体（オーガナ

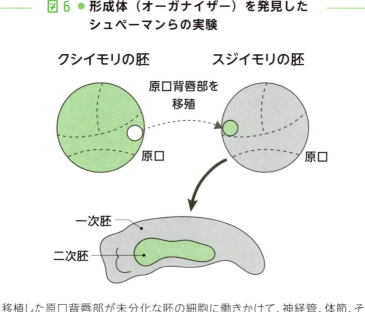

図6 ● 形成体（オーガナイザー）を発見したシュペーマンらの実験

移植した原口背唇部が未分化な胚の細胞に働きかけて、神経管、体節、その他の組織や器官をつくらせ、二次胚ができた。
原口背唇部から分泌された物質→形成体（オーガナイザー）

イザー）とはいったい何なのか、世界中の大勢の発生学者たちがその正体を確かめるためにさまざまな実験を行なってきましたが、その正体は 60 年以上も不明でした。1989 年になってようやく、**アクチビン**というペプチド性のホルモンがこの誘導現象を引き起こす形成体であることを、横浜市立大学の浅島誠らが発見ました。

　アクチビンはもともと脳下垂体前葉から分泌される卵胞刺激ホルモン（FSH）の分泌を促進する物質として 1986 年に卵胞液から発見された物質でしたが、浅島らは、この物質が形成体であることを示しただけでなく、アクチビンの濃度に応じて筋肉や神経菅などさまざまな組織を誘導できることを証明したのです。

第 5 章

動物の発生のしくみ

147

5-6 前と後ろ、背中とお腹の方向性はどのようにして決まるのか？

―― 前後軸・背腹軸を決める遺伝子

　多くの動物の体は、前後の構造がはっきりしています。すなわち、体の前部には頭があり、真ん中には胸が、そして後ろには腹があるという具合です。また、背中側とお腹側でも構造が異なっています。

　体づくりの発生学の研究に貢献したのが、ショウジョウバエという小さなハエです。このハエは、遺伝子とDNAの項目でも紹介したように、もともと遺伝学の研究に使われてきましたが、このハエに突然変異を起こし、体のどの部分にどのような異常が現れるかを調べることで、遺伝子と形づくりとの関係が明らかになってきました。

　昆虫の卵は中央部の栄養を含む卵黄が多い（中黄卵）ので、卵の表面だけで卵割が進み（表割）、胞胚は横からみると楕円形をしています。**カエルの場合は未受精卵に精子が進入したときに前後左右が決まりますが、ショウジョウバエでは、母親の体内で卵がつくられる時点ですでに体の前後左右が決まっています。**卵の中で、**ビコイド (bicoid)** 遺伝子のmRNAが蓄積されているのですが、胚の前方ではその濃度が高く、後方へ行くにしたがって、

濃度が低くなるのです。受精後にビコイド遺伝子の mRNA はタンパク質に翻訳されます。ビコイドタンパク質は胚の前方で多く、後方に行くにしたがって少なくなりますが、このタンパク質の濃度の違いが体の前後軸を決めるのです。

　ビコイド遺伝子が壊れると、前後がおかしくなり、前端と後端の両方に後ろの部分をもつ個体ができてしまいます。また、ドーサル（dorsal：背中の意味）という遺伝子が壊れると、背中側とお腹側の両方に背中側の構造ができてしまうのです。これらの遺伝子が体のどの部分で働いているかを調べることによって、体の前後や背腹がどのようなしくみで決まるのかがわかったのです。

　ショウジョウバエの幼虫（ウジ虫）には、体の節がありますね。節の構造は、同じ構造を何度も繰り返すことで成り立っています。

　ビコイドタンパク質は分節遺伝子の転写を促すのですが、何種類もある分節遺伝子のどれの転写を促すかはビコイドタンパク質の濃度によって決まっています。

　さらには、**体づくりでは、それぞれの体節ごとの個性を決める遺伝子もあります**。つまり、ハエの頭の部分には眼や触角があって、胸の節からはハネや肢が出ていますが、腹の節からは肢は生えていません。たとえば 4 - 3 ですでに説明したように、**アンテナペディア（Antennapedia)** という遺伝子が壊れると、頭から触角の代わりに肢が生えてきてしまいます。このように体の一部分が他の場所と置き換わってしまう現象を**ホメオーシス(homeosis：相同異質形成)** といいます。

　ホメオーシスを起こす遺伝子を**ホメオティック選択遺伝子(homeotic selector gene)** といいます。同じような遺伝子の

塩基配列を調べたところ、180塩基の非常によく似た配列部分がありました。この部分は**ホメオボックス（homeobox）**と名付けられ、この部分をもつ遺伝子はホメオボックス遺伝子というようになりました。ホメオボックス遺伝子からつくられるホメオボックスタンパク質はDNAに結合して、その体節の固有の構造をつくる一連の遺伝子を活性化する働きをもっています。こうして、ホメオボックス遺伝子が正常に働けば、頭の部分の体節からは触角が出て、胸の部分の体節から肢が出るのです。

5–7 体節構造をつくる遺伝子

―― ハエとヒトとで共通する体節構造形成遺伝子のはなし

　私たちヒトの体は、外側から見ても、昆虫のような節がいくつもつながってできているとは感じませんが、体の内部の構造、特に背骨をみるとほとんど同じ形をした脊椎骨が1列につながっていて、同じ形の繰り返しがあることがわかります。つまり、ヒトの体も昆虫と同じく体節構造からできているのです。

　前の項目で説明したホメオボックス遺伝子は、ヒトを含む脊椎動物にも存在することがわかり、ハエの研究がハエだけに留まらず、私たちヒトの体がどのようにしてつくられるのかを理解するためにも重要であることがわかってきました。

　ホメオボックス遺伝子の代表例としてHoxクラスター遺伝子があります。これは、体の前後軸に沿って、各部分の形づくりの指令を出す遺伝子群で、多くの動物ではHox1～Hox13まで存在し、同じ染色体上に並んでいます。体がつくられるとき、Hox1は頭部、Hox6は体の中央部、Hox13は尾部というふうに、染色体上の遺伝子の並んでいる順番に働きます。ヒトでは、Hoxクラスター遺伝子は遺伝子重複によって、4本の染色体に別々に存在し、それぞれHoxA～HoxDとよばれています。

　哺乳類の場合、Hoxクラスター遺伝子に突然変異が起きると、

どのような異常が現れるのでしょうか。マウスを使った実験によると、肋骨が全くつくられなかったり、背骨の後ろの方からも肋骨が出ていたりする個体ができたのです。ヒトの場合、Hox13遺伝子に突然変異があり、手の指の数が多く、指どうしがくっついている症例が見つかっています。

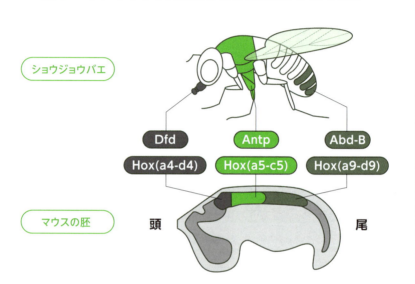

図7 ● ホメオボックス遺伝子群と各遺伝子が働く場所

ショウジョウバエのホメオボックス遺伝子に相当する遺伝子が、マウスでも存在した。ハエの頭部で働くDfd遺伝子はマウスではHox(a4-d4)の4個の遺伝子に相当する。同様に、Antp（アンテナペディア遺伝子）はHox(a5-c5)の3個の遺伝子、Abd-B遺伝子はHox(a9-d9)の4個の遺伝子に相当する。これらの遺伝子は同じ染色体の近い位置に並んでいて、左側の遺伝子から順番に、頭、胸、腹でそれぞれ働いている。

5-8 手足はどのようにしてつくられるのか？

―― 肢芽の細胞はどのようにして自分の位置を知るのか？

　私たちの手足は、どのようなしくみによってつくられるのでしょうか。手と足の起源は、体の側面に突き出した<u>肢芽</u>とよばれる単純な構造に始まります。肢芽が次第に長く伸びるにつれて、その内部に骨や筋肉、神経ができていくのです。肢芽の先端には、<u>外胚葉性頂堤（AER）</u>とよばれる部分があります。肢芽が伸びていくにしたがって、AERはFGFという分泌タンパク質を出して、AERのすぐ下にある分裂が盛んな部分（進行帯）の細胞に自分の位置を知らせることがわかってきました。自分の位置を知らされた細胞は、その位置に見合ったホメオボックス遺伝子を働かせることで、手足の構造が根元から先端部にかけて次第にでき上がってくるのです。

　ところで、手のひらには、表と裏、そして親指側と小指側がありますね。こういった手の向きはどのようにしてできるのでしょうか。肢芽の後端部には<u>ZPA（zone of polarizing activity：極性化活性帯）</u>という部分があって、手のひらの親指側から小指側への方向性を決めています。ZPAを他の個体の肢芽の前端部に移植すると、本来の手の構造とは別に、まるで鏡に写したような姿の（鏡像関係の）手の構造が重複してつくられます。ZPAから

はソニックヘッジホッグ（SHH）遺伝子からつくられる SHH タンパク質が分泌され、周囲の細胞に濃度勾配をつくります。それがそれぞれの細胞の位置を知らせる情報となって、手のひらの方向性が決まり、指の骨や筋肉など細かい構造がつくられるのです。

　手のひらには指が5本ありますが、最初から指が5本伸びてくるわけではありません。その代わり、最初、手のひらはドラえもんの手のひらのような（あるいは、一枚のウチワのような）形につくられ、指と指との間の隙間はないのです。じつは、指と指との間には細胞があったのですが、そこの細胞は発生の途中で自殺をして死に、その部分が取り除かれて、隙間になったのです。このように積極的に細胞に自殺させることをアポトーシス（予定された細胞死）といいます。

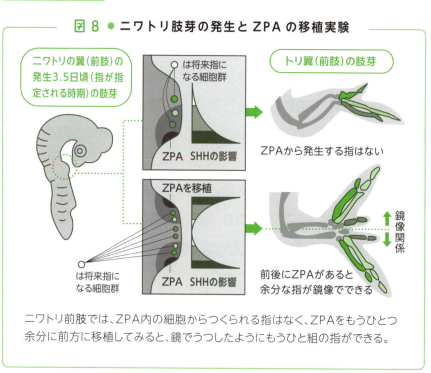

図8 ● ニワトリ肢芽の発生と ZPA の移植実験

ニワトリ前肢では、ZPA内の細胞からつくられる指はなく、ZPAをもうひとつ余分に前方に移植してみると、鏡でうつしたようにもうひと組の指ができる。

5-9 クローン羊「ドリー」の誕生とクローン人間

―― 体細胞クローンのつくり方

　5-2でも説明しましたが、イギリスの発生学者ガードンが、1986年に、アフリカツメガエルのオタマジャクシの小腸上皮細胞の核を、紫外線でDNAを破壊した受精卵に入れると、オタマジャクシにまで成長することを示しました。上皮細胞のように体内で分化した細胞のことを**体細胞**といい、親と全く同じ遺伝情報をもつ個体を**クローン**というので、この実験でカエルの**体細胞クローン**を作成したことになります。

　「体細胞の核が受精卵と全く同じ遺伝情報をもっている」ということが証明されたことをきっかけに、哺乳類でも体細胞クローンを作成できないかと、多くの研究者が実験を行なってきました。

　1996年、ついに世界初の体細胞クローン動物として、羊のドリーが誕生しました。イギリスのロスリン研究所は、母羊の乳腺細胞の核を、あらかじめ核を取り除いておいた受精卵に移植し、それを化学処理して発生を開始させ、他の雌羊の子宮に入れて子羊にまで成長させて、ドリーの誕生に成功したのです。

　ドリーのもつすべての遺伝情報（すなわちゲノム）は母親のものと全く同じです。もっと簡単にいうと、**体細胞クローンは、産

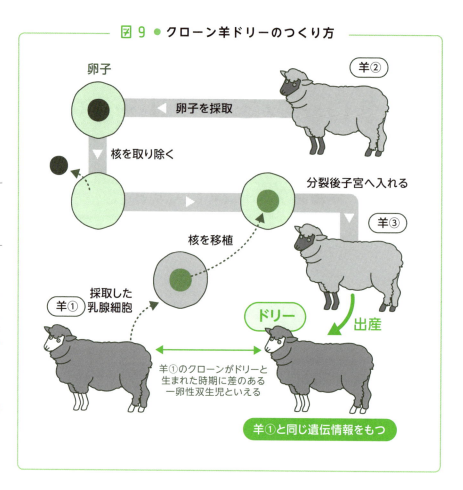

図9 ● クローン羊ドリーのつくり方

まれた時期に差のある一卵性双生児といえるでしょう。体細胞を用いてクローン羊ができるようになると、同様の技術を用いてクローン牛やクローンマウスなどが次々に誕生しました。

　分化した体細胞の核を使って、さまざまな方法で細胞の全能性を取り戻させることができるのなら、これまで不可能だったことができるようになります。たとえば、西遊記に登場する孫悟空が「分身の術」を使って自分と全く同じ個体をつくり、敵と戦わせるという場面がありますが、人間でもそれができるのではないか

ということです。

　2018年1月に、中国の研究者がクローン猿の作成に成功したと発表しました。クローン人間づくりは、発生学者の間では、まだ技術的に困難であるといわれていただけに、ヒトに近いカニクイザルで体細胞クローン作成に成功したというニュースは、世界中に大きな波紋を広げました。研究チームは、カニクイザルの体細胞の核を別の猿の卵子に移植し、21匹の猿の子宮に移したところ、6匹が妊娠して2匹が生まれたのだそうです。まだ成功率は低いものの、クローン人間作成に技術が一歩近づいたことを示すもので、クローン人間の作成が現実味を帯びてきたといえるでしょう。

　しかし、クローン人間の作成は生命倫理上許されるものなのでしょうか。ヒトでも体細胞クローンが作成できるとすると、本来正常に発生が進むと一人の人間になるはずであった受精卵を破壊することになります。これはさまざまな宗教団体から反発の声があがりました。そして、クローン人間の社会的地位はどうなるかという問題もはらんでいます。現在、多くの先進国ではクローン人間づくりは禁止されていますが、禁止されていない国でひそかにクローン人間づくりが進行しているのではないかという指摘もあります。

せいぶつの窓

iPS細胞の誕生
──体細胞に人工的に遺伝子を入れるという荒わざ

　体細胞クローンの社会的問題が大きく報道されるようになった頃、ES細胞の問題がもち上がりました。**ES細胞は胚性幹細胞（embryonic stem cell）の略**です。受精卵が発生を始めたごく初期のES細胞（割球）が多能性を備えているので、初期胚を破壊してES細胞を取得し、その細胞を培養した後に、さまざまな化学薬品を与えて目的の細胞にまで分化させようというのです。しかし、ES細胞は、受精卵や初期胚を破壊するという問題があり、生命倫理的に反するとして、研究にさまざまな制約がありました。

　2006年、京都大学の山中伸弥らは**人工多能性幹細胞（iPS：induced pluripotent stem cells）**の作成に成功しました。マウスの皮膚から採取した繊維芽細胞に外から4個の遺伝子を導入するだけで、多能性を獲得した**iPS細胞**ができたのです。iPS細胞ができたので、それ以降、受精卵を破壊してつくるES細胞は必要なくなりました。

　その当時、クローン羊ドリーでは、分化した乳腺細胞の核が化学処理によって全能性をとり戻したのですから、多くの研究者はさまざまな化学物質を使って、細胞の初期化にとり組んでいたのです。体細胞のもつすべての遺伝情報は受精卵と同じであるという常識から、体細胞に新たに遺伝子を入れるという発想は育たなかったと考えられます。山中伸弥らは当時の常識をくつがえし、iPS細胞の作成に成功したのです。

　いずれにしても、山中らのiPS細胞作成成功は、クローン作成やES細胞のもつ生命倫理的な問題から研究者を解放するきっかけとなりました。現在、iPS細胞は、再生医療と薬理学

への応用が期待されています。世間から特に注目されているのは、病気や事故などで失った臓器や組織を、iPS細胞から分化させた組織を体内に移植することで、その機能を回復させる「再生医療」のほうです。しかし、iPS細胞から分化させた細胞が体内でがん化しないかどうか、また、移植した部分に定着して正常な働きをするかどうかなど、これから解決しなければならないさまざまな問題があります。

　一方、筋ジストロフィーのような遺伝病患者から採取した細胞を使って、どのような薬が効くのかを試す薬理学への応用が期待されています。今後、iPS細胞の研究はますます盛んになることと思われますが、難病に苦しむ多くの患者を一刻も早く救うことができるよう、医療への応用が待たれます。

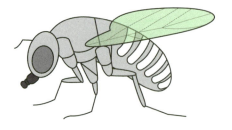

生命維持のしくみ
――代謝・発酵・光合成

代謝とは何か？
── 体内での物質代謝とエネルギー代謝

　生物が生きているとは一体どういうことなのでしょうか。種子など休眠しているものを除けば、①体が成長して大きくなること、②子どもを産んだり繁殖して、その数を増やすこと、③たえず運動や代謝などの活動をしていること、あるいは、④さまざまな物質を合成したり分解したりしている、といったことが思い浮かぶことでしょう。

　これら生物がもつさまざまな特徴の中でも、生命のもつ躍動感は、「生物が常に物質を変化させ続けて、活動を行なっている」ことからくるのではないでしょうか。このような活動を代謝といいます。この言葉は、新陳代謝と同じような意味で使われ、生物が外界からとり入れた物質を素材に、新たな物質を合成したり、その物質を分解して別の物質に変えたりすることをいいます。

　生物が物質を合成・分解することを物質代謝といいますが、それにはエネルギーの流れが伴います。つまり、糖やタンパク質など複雑な有機化合物を合成するにはエネルギーが必要ですし、これらの有機化合物を分解するとエネルギーが発生します。このように、同じ代謝でも物質よりもエネルギーを強く意識したとき、エネルギー代謝という用語を使います。

物質代謝には、いくつかの物質を組み合わせて1つの物質に合成する**同化**と、1つの物質を分解して、複数の物質に変える**異化**があります。

　同化の代表的なものに**光合成**があります。これは炭酸同化作用といって、植物が太陽光エネルギーを利用して、二酸化炭素と水を材料に、ブドウ糖などの炭水化物を合成し、酸素を発生させる過程です（光合成については、後の項目で詳しく説明します）。

　その他の同化の例としては、核酸やアミノ酸、タンパク質などの合成が挙げられます。これらの物質の合成にはエネルギーが必要なので、生物はエネルギーをATP（アデノシン三リン酸）という物質に貯めておき、必要に応じてその物質を分解し、得られるエネルギーを使っています。

　一方、異化の代表的なものとして、酸素呼吸や発酵、腐敗などがあります。酸素呼吸や発酵についても、後の項目で詳しく述べたいと思います。

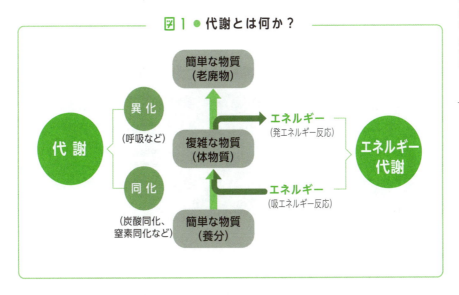

図1 ● 代謝とは何か？

酵素とは何か？

―― 酵素が生体触媒といわれるのはなぜか？

生物の手助けなしに、紙を二酸化炭素と水にまでに分解するには、紙を燃やす必要があります。すなわち、紙に火をつけると、

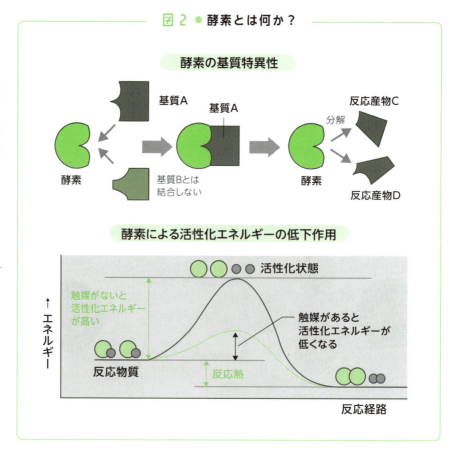

図2 ● 酵素とは何か？

紙の温度が数百度にまで上昇して、その中に含まれるセルロースなどの炭水化物は分解します。しかし、生体内で同じようにセルロースを分解する場合、とても数百度という温度にさらすことはできません。この一時的な高温は**活性化エネルギー**といって、化学反応を起こす際には必要なエネルギーです。

　生体内では、この活性化エネルギーを減らし、体温の36℃前後の温度で、化学反応を起こす必要があります。このように活性化エネルギーを下げる働きがあるのが、**酵素（エンザイム：enzyme）**です。酵素は多くの場合、本体がタンパク質からできていて、体内にはじつに多くの種類の酵素が含まれています。酵素は、それと結合する物質（**基質**）の種類が厳密に決められていて（**基質特異性**）、特定の化学反応の活性化エネルギーを下げる働きをします。

　このように、化学反応の活性化エネルギーを低下させ、反応が起こりやすくする働きがあるにもかかわらず、それ自体は変化しない物質のことを**触媒**といいます。酵素は触媒としての性質をもち、生体がつくり出すので、**生体触媒**ともいわれます。

呼吸には2通りがある?

―― 外呼吸と内呼吸の違い

　私たちは呼吸というと、空気を吸って肺に送り、肺からの空気を外に出すこと、つまり、「息を吸ったり吐いたりする」ことを思い浮かべます。生物学では、これを**外呼吸**といい、ここでとり上げる**内呼吸**とは区別しています。内呼吸は、細胞が行なう呼吸（**細胞呼吸**ともいう）のことで、細胞外から栄養分（糖など）と酸素をとり込み、細胞内で分解してそこから生命活動に必要なエネルギーを生み出し、二酸化炭素と水を出す呼吸のことをいいます。

　内呼吸（細胞呼吸）では、ブドウ糖などの炭水化物を分解してピルビン酸にする**解糖系**（かいとうけい）という過程と、ピルビン酸を、酸素を利用して最終的に二酸化炭素と水にまで分解する**クエン酸回路（TCA回路）**、それに付随する**水素伝達系**という過程があります。

　まずは、解糖系について説明しましょう。解糖系は、ブドウ糖（グルコース）に含まれる高いエネルギーを生物が使いやすい物質に変えていく過程です。解糖系でブドウ糖はさまざまな物質に変換されますが、それらの物質の名前は長いものが多いので、名前を覚えるのが苦手な人にとっては高いハードルになっています。そこで、解糖系について学ぶ際のポイントをお教えしましょう。

ブドウ糖（グルコース）を初め、解糖系でつくられる物質の炭素数の変化が重要なキーポイントとなります。ブドウ糖には炭素原子が6個含まれていますが、最終的にできたピルビン酸は炭素が3個です。つまり、1分子のブドウ糖を分解して2分子のピルビン酸にするのです。

　その際、生物はブドウ糖の分子をただ壊していくような反応は行なわず、最初に、高いエネルギーをもつリン酸をブドウ糖に結合させます。そして、反応性が高くなったところで2個の分子に分解し、それがいくつかの過程を経て、ピルビン酸になります。解糖系の反応は細胞の細胞質基質という部分で行なわれ、酸素がなくても起こります。

　激しい運動をした後、筋肉をもみほぐしておかないと筋肉が

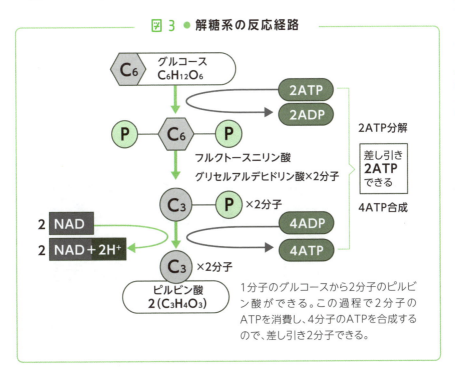

図3 ● 解糖系の反応経路

1分子のグルコースから2分子のピルビン酸ができる。この過程で2分子のATPを消費し、4分子のATPを合成するので、差し引き2分子できる。

固く凝り固まることがありますね。これは、解糖系で得られた
ATP を使って筋肉が収縮を繰り返したためで、そこでつくられ
たピルビン酸は酸素がないと乳酸に還元され、それが筋肉中に貯
まるためなのです。

　ピルビン酸がさらに分解されて最終的に二酸化炭素と水になる
には、ピルビン酸がクエン酸回路にとり込まれる必要があります。

　それでは、解糖系に続くクエン酸回路についてみてみましょう。
生物学では、**クエン酸回路**にはさまざまなよび名があります。ク
エン酸回路の名前は、この反応でできる代表的な物質がクエン
酸なので、そうよばれています。**TCA 回路**の TCA というのは
tricarboxylic acid cycle の略で、日本語に訳すと、**トリカルボ
ン酸回路**、あるいは**トリカルボン酸サイクル**、また、発見者ハン
ス・クレブスの名前をとって**クレブス回路**（Krebs cycle）とよ
ばれたりすることもあります。この反応は、通常の直線状の反応
系とは異なり、最終的にできた**オキサロ酢酸**が再び**活性酢酸**と結
合し、この反応系を何度も回るという特徴をもっています。

　クエン酸回路は、ピルビン酸が変化してできた活性酢酸（別
名：アセチル CoA、正式にはアセチル補酵素 A）がオキサロ酢
酸と結合するところから始まります。ここでも、解糖系のときと
同様に、生成した化合物の炭素数に注目するとより理解しやすい
でしょう。

　すなわち、ピルビン酸は炭素数が 3 個で、そこから二酸化炭
素が 1 分子取れた活性酢酸は炭素数が 2 個です。この活性酢酸
と炭素数 4 個のオキサロ酢酸が結合して、炭素数 6 個のクエン
酸が合成されます。クエン酸から別の物質に変化するとき、図 4

のように炭素が6→5→4個と減っていき、このとき二酸化炭素が発生するとともに、NADやFADが水素と結合したNADHやFADH₂ができます。これらの物質は水素伝達系（別名：電子伝達系）に運ばれて、ATPの合成に利用されます。

TCA回路と水素伝達系はどちらもミトコンドリア内にあり、酸素を使ってこれらの物質を酸化して反応が進みます。

解糖系とTCA回路を比べると、合成されるATP分子の数に大きな違いがあります。すなわち、解糖系ではブドウ糖1分子にリン酸を結合させるためにATPを2分子使用し、解糖系で4分子のATPがつくられますので、差し引き2分子のATPしか

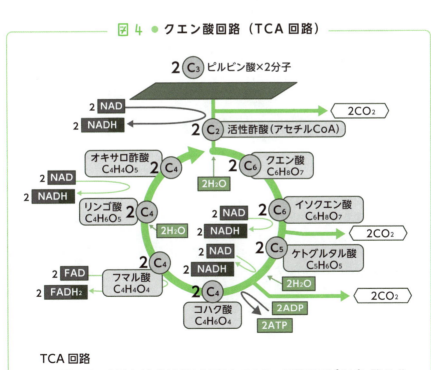

図4 ● クエン酸回路（TCA回路）

TCA回路
この図では、出発点がブドウ糖1分子としてある。解糖系でピルビン酸2分子ができるので、それを出発点として描いてある。

合成されないことになります。一方、TCA回路と水素伝達系で合成されるATPは合計34分子もありますので、なんと17倍も効率が高いのです。<u>進化の過程で、酸素呼吸をするようになった生物はTCA回路を利用しているので、酸素呼吸をしない生物に比べて、はるかに活発な生命活動を営む</u>ことができるようになったのです。

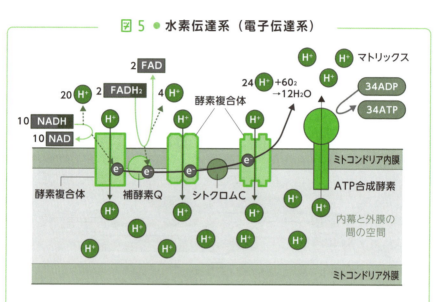

図5 ● 水素伝達系（電子伝達系）

呼吸の水素伝達系（電子伝達系）は、ミトコンドリアの内膜に存在する酵素や補酵素で構成されている。解糖系とTCA回路で生じた水素は、NADHとFADH$_2$によってミトコンドリア内膜に運ばれ、水素イオン（H$^+$）と電子（e$^-$）に分かれる。電子が伝達される際には、ミトコンドリアのマトリックス側から内膜と外膜の間の空間へH$^+$が運ばれる。その結果、内膜をはさんでH$^+$の濃度勾配ができる。ATP合成酵素は、H$^+$がマトリックス側に流れ込むH$^+$流入のエネルギーを利用して、ADPからATPを合成している。

6-4 発酵とは何か?

――酸素を用いない異化の代謝系

　発酵食品という言葉はご存じだと思います。日本人は昔から、味噌や醤油、納豆などの多くの発酵食品をつくってきました。それでは、**発酵**というのは、生物学的にみるとどのような化学反応を指すのでしょうか。

　発酵は、狭い意味でいうと、微生物が酸素のない状態(これを嫌気的条件といいます)で、糖などの有機物を分解し、アルコールや有機酸、二酸化炭素などを発生させることをいいます。この反応は解糖系とよく似ていて、特に微生物による乳酸発酵は、ブドウ糖からピルビン酸がつくられるところまでは解糖系と同じ反応で、それが酸素のない状態で乳酸に変化するのです。

　広い意味では、微生物が酸素のない状態で行なう発酵の他に、酸素を用いて有機物を酸化する酢酸発酵なども含めることがあります。

　アルコール発酵は、酵母菌などによって行なわれ、グルコースをエタノール(C_2)と二酸化炭素に分解し、ATPを合成する代謝系です。アルコール発酵では、まず解糖系によって、グルコース1分子からピルビン酸2分子ができます。この過程で4分子のATPが合成され、2分子のATPが消費されるので、差し引き

2分子のATPがつくられます。ピルビン酸から二酸化炭素がとれるとアセトアルデヒドができ、それが還元されて、エタノールができるのです。

　発酵は、微生物が生活活動のエネルギーを得るために、ATPを合成する反応ですから、発酵で生じたアルコールや有機酸などの物質は、微生物からすると副産物になります。しかし、微生物を利用する人間の立場に立ってみると、まさにこの副産物こそが、発酵食品として有用なものになるのです。

　発酵食品には、日本酒やビール、焼酎やワインなどのアルコール飲料のほか、味噌や醤油、お酢などの調味料、チーズやヨーグルトのような乳製品、パンや納豆など、たくさんの種類があります。このように発酵食品を数えてみると、じつにさまざまな食品がそれに該当することがわかるでしょう。

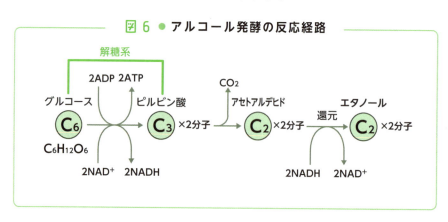

図6 ● アルコール発酵の反応経路

6-5 ホタルイカはどのようにして光るのか？

── 生物発光のしくみ

　世の中には、さまざまな光る生物がいます。ホタルやホタルイカの発光は皆さんもご存知だと思いますが、発光キノコやウミホタル、オワンクラゲや深海魚など、じつにさまざまな生物が光る性質をもっています。

　これらの生物は、どのようなしくみで光を出しているのでしょうか。生物発光は、<u>ルシフェリン</u>いう有機物とそれを酸化する<u>ルシフェラーゼ</u>という酵素によって起こるとされています。しかし、ルシフェリンは1種類の物質ではなく、ホタルにはホタルルシフェリン、ウミホタルではウミホタルルシフェリンという別々の物質が利用されます。しかも、ルシフェラーゼには基質特異性があり、ホタルルシフェリンはホタルルシフェラーゼによって分解されますが、他の生物のルシフェラーゼでは分解できないのです。

　一方、ルシフェリン・ルシフェラーゼとは全く別のやり方で発光する生物もいます。それがオワンクラゲというクラゲの一種で、体内に含まれる<u>緑色蛍光タンパク質</u>（GFP：green fluorescent protein）自体が発光します。オワンクラゲの体内にはGFPのほかに<u>イクオリン</u>という別のタンパク質があって、GFPと結合

して複合体を形成しています。

　イクオリンは細胞カルシウムイオンを感知して青色に光り、その光がGFPに伝わるとGFP自身が緑色の蛍光を発するのです。GFPはそのタンパク質の構造の中に光を発する発色団をもち、発光には酵素を必要としないので、**このタンパク質の遺伝子をさまざまな生物の遺伝子に組み込むことで光る生物をつくることができます**。ある特定の遺伝子にGFP遺伝子を組み込むことで、その遺伝子が働いた部分だけを光らせることができるのです。

　こうして、GFPを組み込んだ細胞や生物（マウスや魚などさまざまな生物で利用されている）は生物学や医学に多大な貢献をしたため、オワンクラゲの発光のしくみを解明した海洋生物学者の下村脩は、2008年度のノーベル化学賞を受賞しました。

6-6 植物はどのようにして栄養分を手に入れるのか？

―― 光合成のしくみ

　多くの植物の葉や茎は、どうして緑色をしているのでしょうか。それには、植物の光合成（こうごうせい）が関係しています。植物の葉や茎の細胞には**葉緑体**という細胞小器官があり、その中の**クロロフィル**という色素は赤色や青色の光を有効的に吸収して光合成に利用します。一方、緑色は光合成にあまり有効には使われないため、クロロフィルにはあまり吸収されません。よって、葉から出てくる緑色が赤色や青色よりも相対的に強いため、植物の葉や茎は緑色に見えるのです。

　それでは、光合成のしくみについて説明しましょう。光合成は、空気中から吸収した二酸化炭素と、根から吸い上げた水を材料に、緑色植物が光エネルギーを利用してブドウ糖やデンプンなどの栄養分をつくるとともに、不要になった酸素を空気中に吐き出す作用です。

　植物の葉に光が当たると、クロロフィルやカロテノイド、フィコビリンといった光合成色素が光エネルギーを吸収します。これらの色素はたくさん集まってタンパク質に結合し、光をとらえるアンテナとして働いています。光合成色素が光エネルギーを受け

取ると、色素が励起状態（エネルギーをもった状態）になり、その色素はとなりの色素にエネルギーを受け渡します。それを次々と繰り返す結果、エネルギーは色素の間をグルグル回るようになります。

そのうち、エネルギーは反応中心という特別な色素に集められて、そこで化学反応が起こります。反応中心には光化学系Iと光化学系IIの2種類があります。根から吸い上げられた水（H_2O）はここで分解されて水素と酸素になりますが、酸素は2原子が結合して分子状の酸素（O_2）になり、気孔から空気中に放出されます。

一方、このとき放出された水素と電子は、光合成系IIから光合成系Iへといくつもの物質の間を受け渡されていきます。水素は最終的にNADPという物質に受け渡されてNADPHという物質になります。また、水素伝達系ではATPも合成されます。

こうしてつくられたNADPHとATPをエネルギー源として利用して、二酸化炭素（CO_2）からブドウ糖やデンプンなどの炭水化物を合成するのです。このときの反応系は、発見者の名前をとってカルビン回路とかカルビン・ベンソン回路とよばれています。

カルビン回路では、ルビスコ（RuBisCO）という酵素が炭素を5個含むRuBP（リブロース-1,5-ビスリン酸、またはリブロース二リン酸）という物質に二酸化炭素を結合させ、炭素を3個含むPGA（ホスホグリセリン酸）という物質を2個つくります。つまり、炭素数でみると5＋1＝3×2ということになります。

PGAはグリセルアルデヒド-3-リン酸（GAP）というトリオー

スリン酸（三炭糖リン酸）に変化し、その一部がブドウ糖やデンプンの合成に利用されます。残りのトリオースリン酸は再びRuBPとなって、二酸化炭素をくっつける反応に使われるのです。このように同じ物質が反応系をグルグル回るようにみえることから回路とよばれているのです。

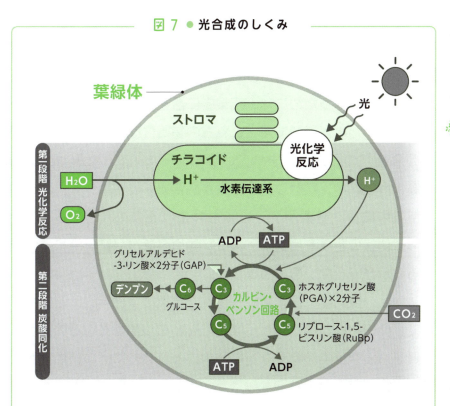

図7 ● 光合成のしくみ

光合成の第一段階は、光エネルギーによって引き起こされる光化学反応である。これは葉緑体のチラコイド膜上で起こる。第二段階は、ストロマに含まれる酵素によって起こる炭酸同化である。この反応経路はカルビン・ベンソン回路とよばれ、第一段階でつくられたATPとNADPHを用いて、二酸化炭素が糖にとり込まれる。

6-7 空気中の窒素を生体内にとり込むしくみ

―― 窒素固定のはなし

　光合成を行なうためには、空気中に含まれる二酸化炭素と根から吸い上げた水が必要です。これらの物質には、水素、炭素、酸素の3種類の元素が含まれています。一方、アミノ酸やタンパク質の合成には、これ以外に窒素が必要です。

　空気中には、窒素が78・1％も含まれるのに、どうして私たちは気体状の窒素を用いて、アミノ酸やタンパク質を直接、合成することができないのでしょうか。

　じつは、空気中に含まれる気体状の窒素は、化学的にとても安定で、他の物質とほとんど化学反応を起こしません。このような性質をもつ空気中の窒素を有機物中にとり込むには、微生物が行なう**窒素固定**という特別な働きが必要なのです。

　サツマイモやマメ科植物（レンゲやエダマメなど）は、肥料の少ないやせた土地でもよく育ちます。これらの植物の根には、**根粒菌**（こんりゅうきん）という特殊な細菌が共生しています。根粒菌は空気中の窒素を有機物中に固定します。こうして、宿主（しゅくしゅ）の植物は根粒菌からその窒素化合物を受け取り、それを自分の栄養分として利用できるのです。一方、**嫌気性細菌（けんきせい）のクロストリジウム**や**好気性細菌（こうきせい）のア**

ゾトバクターは、土壌中で単独生活をしていますが、これらの細菌も窒素固定を行なっています。

根粒菌を含む窒素同化細菌はニトロゲナーゼという酵素をもっていて、この酵素が空気中の窒素をアンモニア NH_3 に変換します。アンモニアは気体ですが、すぐに水に溶けて NH_4^+（アンモニウムイオン）になります。根粒菌の体内では、アンモニウムイオンはアミノ酸の一種グルタミン酸としてとり込まれ、それが他の種類のアミノ酸や窒素を含む有機化合物へと変換されていきます。あるいは、根粒菌からアンモニウムイオンが土中へ出されると、硝化細菌（亜硝酸菌や硝酸菌）によって最終的に硝酸塩に変換され、植物が利用できる物質になります。

植物が土中から硝酸塩をとり込むと、還元して NH_4^+ に変換し、アミノ酸の合成に利用します。こうして、植物体内でアミノ酸やタンパク質が合成されますが、動物は植物を食べることで、これらの窒素を含む化合物をとり込むことができるのです。

せいぶつの窓

光がなくても有機物を合成できる生物のはなし
── 化学合成のはなし

　二酸化炭素と水から炭水化物を合成するのが光合成で、それには光エネルギーが必要であることを、これまで説明してきました。よって、光の全く届かない場所では緑色植物は生息できませんから、生物の栄養となる炭水化物は合成できないはずです。栄養分が手に入らなければ、そこでは生物が生活できるはずがないのです。

　ところが、光の全く届かない深海や地中深くにも微生物が生息していることがわかってきました。深海探査の結果、熱水噴出孔の周辺には、微生物どころか、ハオリムシ（チューブワーム）やユノハナガニ、シロウリガイなどの貝類、深海魚などが生息し、豊かな生態系をつくっていたのです。そこで、光の全く届かない熱水噴出孔の周辺の生物たちがどのようにして栄養分を手に入れているか、とても注目されるようになりました。

　熱水噴出孔からは、硫化水素やメタン、水素などの無機物が噴き出しています。化学合成細菌は、これらの無機物を酸化することによってエネルギーを得て、そのエネルギーを炭水化物の合成に利用していたのです。

第7章

生物の反応と調節のメカニズム

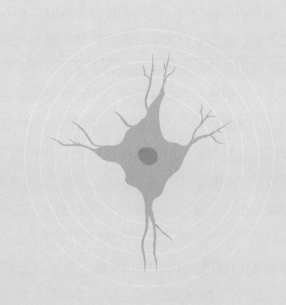

7-1 筋肉はどのようにして縮むのか？
── 筋肉の構造と筋収縮のしくみ

　皆さんが腕を曲げたり伸ばしたりするとき、筋肉が伸び縮みします。昔からどのようにして筋肉が伸びたり縮んだりするのか、不思議に思われていました。伸び縮みするものとしてはゴムがありますね。そう、筋肉もゴムのように伸び縮みすると長い間信じられてきたのです。

　ところが、現在の常識では、**筋肉の伸び縮みのしくみはゴムとは全く違うことがわかっています**。筋肉の伸び縮みを知るためには、まず筋肉の微細構造の説明から入る必要があります。骨に付着している筋肉を骨格筋といいますが、これを光学顕微鏡で眺めると、筋肉の長い方向に対して垂直に縞模様がみられます。これを横紋といって、これをもつ筋肉を**横紋筋**といいます。

　この横紋筋を電子顕微鏡でさらに詳しく観察してみましょう。横紋には、明るい部分（明帯：I 帯）と暗い部分（暗帯：A 帯）とがあって、明帯にはアクチンというタンパク質が鎖のようにつながってできた**細い繊維（thin filament：スィン・フィラメント）**が存在し、暗帯には細い繊維の他にミオシンを含んだ**太い繊維（thick filament：スィック・フィラメント）**が整然と並んでいます。

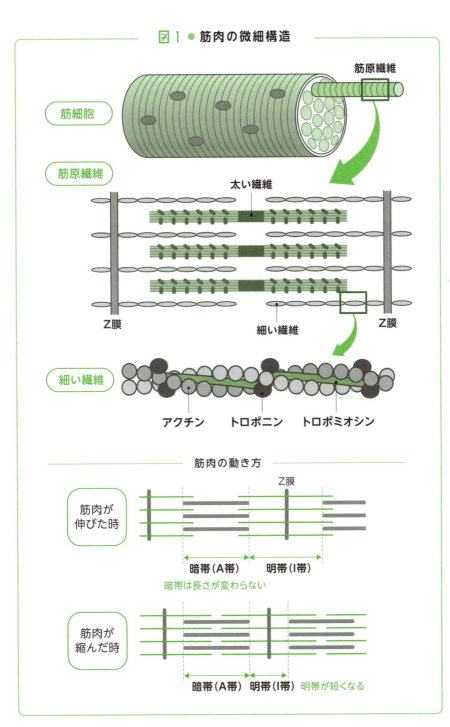

筋肉が縮むとき、明帯の長さは短くなるのに暗帯の長さは変わらないことから、細い繊維の間に太い繊維が入り込むことで、筋肉全体の長さが短くなることがわかりました。

　それでは、筋肉の収縮はどのようなしくみで起こるのでしょうか。皆さんは、激しい運動をした後で、足がつって痛い思いをした経験があるでしょうか。これは牛乳などに多く含まれる**カルシウムイオン**が関係しています。カルシウムは私たちの骨をつくるだけでなく、筋肉の収縮の引き金になるとても大切な物質です。疲れてくると、カルシウムイオンを貯めている**筋小胞体**という網目状の構造から一度にカルシウムイオンが筋原繊維に放出されるので、筋肉が一度に強く収縮するのです。これが、「足がつる」しくみです。

　筋肉が収縮するとき、筋小胞体から放出されたカルシウムイオンは、筋肉の細い繊維上にある**トロポニン**というタンパク質に結合します。すると、トロポニンの立体構造が変化し、細い繊維のアクチンと太い繊維のミオシンとの間で相互作用できるようになります。ミオシンがエネルギー物質として知られるATPを分解したエネルギーを使って、アクチンの乗った細い繊維を引っ張り込むのです。

7-2 神経はどのようにして興奮を速く伝えることができるのか？

―― 神経の興奮と跳躍伝導のはなし

　皆さんは熱いヤカンなどに誤って触れたとき、「アチッ！」といって、急いで手を引っ込めた経験があるでしょう。いつまでも熱いヤカンに触れたままでは、手が大やけどしてしまいます。

　このように、私たちがすばやい行動をとれるのは、手の先の神経が熱さをすばやく脊髄に伝えて、脊髄が即座に「手を引っ込めろ」という指令を出しているからです。それでは、手の先から脊髄まで、神経の中を刺激はどのようにして伝わっていくのでしょ

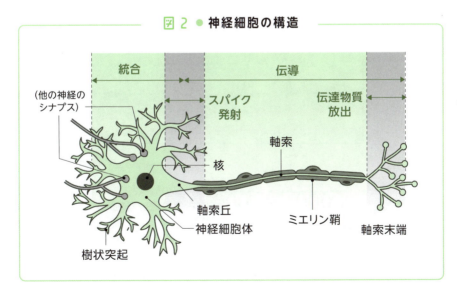

図2 ● 神経細胞の構造

うか。

　図2に示したように神経細胞は特殊な細胞で、おおまかにみると**神経細胞体**と長い**軸索**、それに軸索末端の**シナプス**という構造から成っています。外から来た刺激は、神経細胞体から軸索を通り、軸索末端を通して次の神経細胞に伝わります。

　図3をご覧ください。神経が興奮していないとき、神経細胞の内側は外側に比べて電位が低く、電位差を測定してみると−70mVくらいの値を示します。この状態を**静止電位**といいます。神経の軸索を針などで刺激してみましょう。すると、刺激を受けた場所では、局所的に電位が逆転し（**脱分極**といいます）、内側が外側に比べて電位が高くなり、＋30mVくらいの値になります。この状態を**活動電位**といいます。

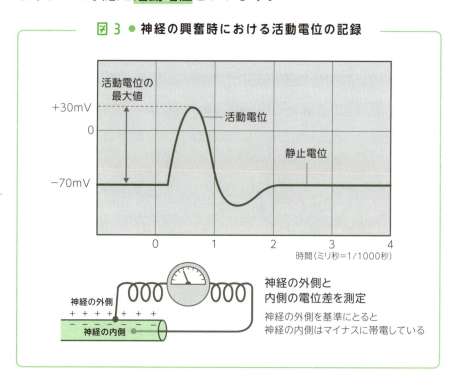

図3 ● 神経の興奮時における活動電位の記録

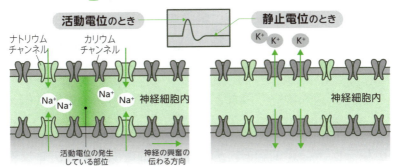

 しかし、活動電位は長続きせず、すぐにもとの静止電位に戻ります。神経の中と外とで電位が変化するのは、神経細胞膜にNa^+やK^+を通すイオンチャンネルという構造があるからです。神経が興奮するとNa^+チャンネルが開き、外から中へ一度に多数のNa^+が流入します。そのため、細胞の内側は陽イオンが一時的に多くなり、内側の電位が高くなるのです。しかし、次の瞬間にはK^+が開き、細胞内のK^+が外へ押し出されます。こうして活動電位はすぐに下がり、静止電位に戻るのです。

 それでは、どうして神経の興奮は非常に速く伝わるのでしょうか。高等動物の神経は<u>有髄神経</u>といって、軸索表面がミエリン鞘という絶縁体で覆われています。ところどころにミエリン鞘のない部分がありますが、それを<u>ランビエ絞輪</u>といいます。イオンチャンネルはランビエ絞輪の部分にしかないため、ミエリン鞘で覆われた部分には電流が流れ、すばやく次のランビエ絞輪のイオ

ンチャンネルに刺激が伝わるのです（図5を参照）。このように、興奮がとびとびに伝わるため、**跳躍伝導**といいます。

　これまで、神経の興奮は、神経細胞内なら両方向に伝わると述べてきましたが、感覚神経が、体の末端から脳などの中枢神経へ刺激を伝え、運動神経が脳などの中枢神経から体の末端に伝える、つまり興奮の伝わり方に方向性があるのはなぜでしょうか。

　その秘密は、神経細胞と次の細胞との間にあります。すなわち、神経軸索末端には、**シナプス**という特殊な構造があり、ここでは興奮は一方向的に伝わります。興奮がシナプスにまで到達すると、シナプス小胞の中身が**シナプス間隙**（神経細胞と次の神経細胞の間のわずかな隙間）に放出されます。その中には**アセチルコリン**のような神経伝達物質が含まれています。それが次の神経細胞に到達すると、次の神経細胞で興奮が始まり、神経の興奮が一方向的に伝わっていくのです。

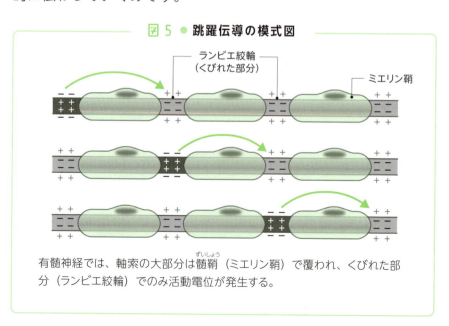

図5 ● 跳躍伝導の模式図

有髄神経では、軸索の大部分は髄鞘（ミエリン鞘）で覆われ、くびれた部分（ランビエ絞輪）でのみ活動電位が発生する。

音の刺激はどのようにして脳に伝わるか?

―― 音の聞こえるしくみ

皆さんは、言葉によるコミュニケーションや、心を安らげる音楽では、「音」という物理現象に頼っています。音は、簡単にいうと「空気の振動」です。空気の濃いところと薄いところが繰り返し現れて、それが耳の鼓膜を振動させ、私たちはそれを「音」として感知します。このような振動は空気だけでなく、水や金属

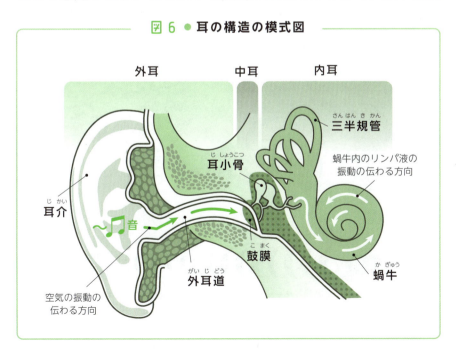

図6 ● 耳の構造の模式図

などでも起こりますから、水中を伝わる振動が耳の鼓膜を刺激すれば、私たちはそれを音と感知しますし、金属に耳を当てて音を感じることもできます。空気や水、金属などといった物質を媒体または媒質とよびます。

　音は波（波動）の一種で、波の進む方向と媒体の振動方向が同じため、「縦波」とよばれます。一方、横波は波の進む方向と媒体の振動方向が垂直な波のことで、光や電波などの電磁波がそれに当たります。

　空気中を伝わってきた音は、耳の鼓膜を振動させます。次に鼓膜からつながっている耳小骨が振動し、その先につながる蝸牛とよばれるカタツムリのような構造内部のリンパ液を振動させます。

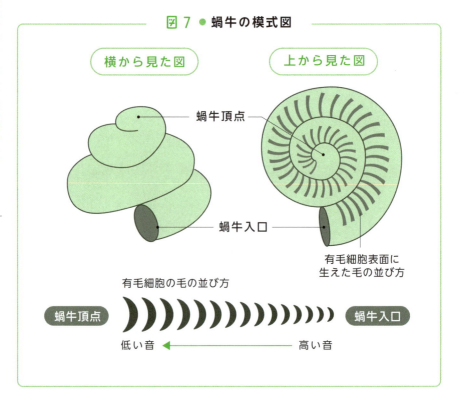

図7 ● 蝸牛の模式図

その振動が蝸牛の中の**コルティ器**とよばれる構造に伝わり、ここの<ruby>有毛細胞<rt>ゆうもう</rt></ruby>という特殊な細胞に生えた毛を振動させるのです。その振動が電気信号に変わって聴神経を通り、脳に音の刺激が伝わります。

　それでは、高い音と低い音はどのように聞きわけているのでしょうか。図7の蝸牛の模式図に示したように、もっとも強く振動する基底膜の位置が音の周波数によって異なり、高い音が蝸牛の入口付近、低い音が入口からもっとも遠い頂点の部分を振動させるのです。また、有毛細胞ごとに表面に生えている毛の長さが異なり、もっとも強く反応する周波数が異なるため、高い音と低い音を区別して感知することができます。

　このようにして別々の有毛細胞で感知した刺激は、別々の聴神経を通り、<ruby>延髄<rt>えんずい</rt></ruby>交差とよばれる部分で、右耳から来た音は左脳へ、そして左耳から来た音は右脳へ送られ、大脳の側頭部にある<ruby>聴覚<rt>ちょうかく</rt></ruby><ruby>野<rt>や</rt></ruby>という部分に伝わります。聴覚野は高い音や低い音を聞き分けるだけでなく、その音が右側のほうが強いか左側のほうが強いか、それとも同じ強さかを感じ取ることもでき、その音がどちらの方向から来たかを知ることもできます。

7-4 光の刺激はどのようにして脳に伝わるか？

—— ものの見えるしくみ

　光は電磁波の一種だということを皆さんはご存知でしょうか。電磁波というと放射線や電波のような目に見えない恐い存在だと思い込んでしまう人がいるようですが、光も電磁波の一種です。それでは光が放射線や電波と何が違うかというと、波の波長（または周波数・振動数）が異なっているのです。ただ、放射線の一種のガンマ線や、X線、紫外線はエネルギーが強く、私たちの体に当たると、DNAやタンパク質などを傷つけてしまいます。逆

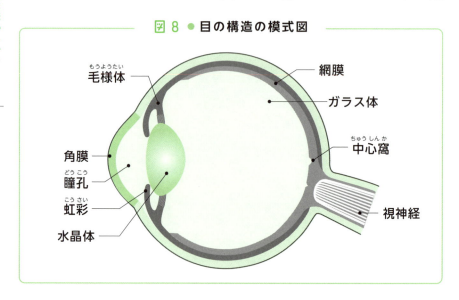

図8 ● 目の構造の模式図

に、赤外線や電波は放射線に比べてエネルギーが低く、これらの生体分子を破壊することはほとんどありません。

　私たちが見える光の波長は、だいたい400nm～700nmの間です。もしも私たちが光の強さだけしか感じないとしたら、この世の中は白黒写真のように見えていたことでしょう。しかし、私たちの目は、光の波長の違いを色の違いとして見分けることができるのです。それでは、まず、網膜がどのような構造になっているかを説明するところから始めましょう。

　図9をご覧ください。網膜は、いくつかの異なる細胞が別々の層をつくって積み重なっています。一番外側には色素上皮層があり、目の水晶体からガラス体を通ってきた光は、いったん、網膜の外側にある色素上皮層で反射します。そして視細胞（桿細胞

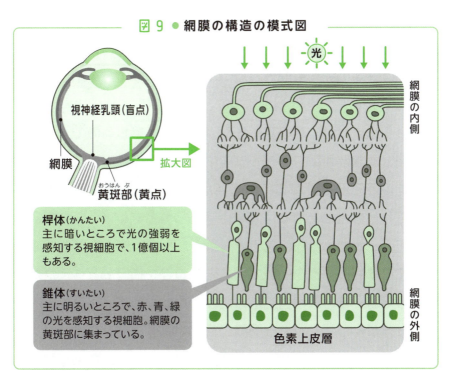

図9 ● 網膜の構造の模式図

と錐細胞の2種類からなる）はその光を受けて、光を電気信号に変えます。その刺激が、視細胞から他の神経細胞（双極細胞、水平細胞、アマクリン細胞、神経節細胞）に受け継がれて最終的には視神経を通して脳に送られます。

　それでは、視細胞はどのようにして光を電気信号に変えているのでしょうか。視細胞のうち、桿細胞の場合、目に入ってきた光はロドプシンというタンパク質内の「レチナール」という低分子化合物に当たります。すると、レチナールの立体構造が cis- レチナールから trans- レチナールへと大きく変化し、それがきっかけとなって視細胞の Na^+ チャンネルが閉じます。神経の興奮の場合は、神経が刺激されると興奮が起き、Na^+ チャンネルが開いて神経細胞の外側と内側の電位が逆転し、それが刺激として脳に伝わります。

　しかし、視覚の場合は、それとは逆に、光がない状態のとき、視細胞は一定の間隔で興奮し続け、神経伝達物質を放出し続けています。光が来たとき Na^+ チャンネルが閉じて、その興奮が脳に伝わらなくなり、その変化を脳が明るいと感じるのです。

　昼間、あなたが車でドライブ中に、突然、車が追い越していきました。さて、その車の色は何色だったでしょう。「そう赤い車だったね」などとあなたは簡単に答えられるでしょう。でも、それが夜のことだったら、どうでしょう。あるいは、あなたが車の助手席にすわって横を向いていて、車の姿を横目でとらえただけだとしたら。その車が何色だったか、なかなか思い出せないのではありませんか。これには網膜の構造が関係しています。

　あなたが、その車について色や形も含めてもっともよく見える

のは、その車があなたの真正面に来たときだけです。これは、その車があなたの真正面にきたとき、その画像は、あなたの目の網膜の黄点というもっともよく見える位置に投影されたからなのです。夜に車を見てもその色が何色だったかわからないのは、色を感知する錐体は、明暗を感知する桿体よりも感度が低いためなのです。さらに、たとえ昼間であっても、横目で車を見ただけではその車の色がわかりづらいのは、色を感知する錐体は網膜の黄点付近に多く、網膜の端に行くにしたがってその数が減るからです。

　それでは、私たちは色をどのように見分けているのでしょうか。今度は錐体（錐細胞）をみてみましょう。錐細胞には、赤色・青色・緑色の光にそれぞれ反応する3種類の細胞があります。それぞれの色の情報は、視細胞から多数の神経細胞を経て、視神経を通り、大脳の視覚野（後頭部にある）に伝わります。

　赤色を感じた錐体から出た情報は、他の情報と混ざることなく、次の神経細胞に受け継がれて脳にいきます。脳は、赤・緑・青の視細胞の活動状況から、その色が何色であるかを判断します。

　じつは、テレビ画像も3つの色をさまざまに組み合わせることにより多くの色をつくっていますが、これは人間の目が色を感じるしくみを研究して、それに合わせてテレビ画像がつくられたからなのです。

　私たち人間の目は、黄色という色を、赤色の光と黄緑色の光を混ぜてつくった場合と、黄色一色の単色光を区別できません。もしも、光の波長の違いを人間とは全く異なるしくみで感知している宇宙人がいたとすると、人間が見るカラー画像をたった3色のつまらない画像を見ているものと思うかもしれません。

におい を 感じる しくみ
―― 嗅覚のしくみ

　私たちが感じる五感（視覚・聴覚・嗅覚・味覚・皮膚感覚）の中で、においを感じるしくみの研究は、なかなか進みませんでした。においは、空気中に漂う化学物質を感じるもので、化学物質の種類の多さのために、よくわからないことばかりでした。研究の突破口が開けたのは、カイコガのような昆虫が、フェロモンとよばれるある特定の化学物質にのみ反応し、他の物質には全く反応しないことでした。こうして、嗅覚の研究は、昆虫の研究から大いに発展していったのです。

　それでは、においを感じる嗅覚のしくみとはどのようなものでしょうか。私たちの鼻の奥の嗅粘膜には、約500万個の嗅細胞が並んでいます。これらの嗅細胞の表面には**嗅覚受容体（レセプター）**があり、これに空気中の「におい分子」が結合することが刺激となって嗅細胞が興奮します。その興奮が電気信号として嗅神経を通って脳に伝わるのです。

　この嗅覚受容体とはどのようなものでしょうか。嗅覚受容体の遺伝子は、1991年に、米国コロンビア大学のリチャード・アクセル（Richard Axel）とフレッドハッチントンがん研究所のリンダ・バック（Linda Buck）らによって初めて発見されました。

彼らはその功績が認められ、2004年度のノーベル生理学・医学賞を受賞しました。

嗅覚受容体は **Gタンパク質共役型受容体（GPCR）** という7回膜貫通型の膜タンパク質でした。この受容体に「におい物質」が結合すると、この受容体に結合していたGタンパク質が活性化します。次に、それがアデニル酸シクラーゼという酵素を活性化し、ATPから環状AMP（cAMP: サイクリックAMP）がつくられます。

cAMPは嗅細胞表面のナトリウムチャンネルを開き、細胞内にナトリウムイオンが流入します。すると嗅細胞に活動電位が起こり、嗅細胞が興奮するのです。その後、この嗅覚受容体遺伝子とよく似た構造をもつ遺伝子が多数発見されました。なんと、哺乳類では約1000種類もの嗅覚受容体遺伝子が発見されたのです。これは、全部の遺伝子の約3％にも相当します。このことから、哺乳類がいかに多くのにおい物質に対して、多くの種類の嗅覚受容体を用意してきたかがわかります。

味を感じるしくみ

—— 舌の構造と味覚のはなし

　私たちが食事をするとき、舌の部分によって、感じる味の種類が違うのをご存知でしょうか。甘さは、舌先で感じる一方で、塩辛さや酸味は舌の両側、苦味は舌の奥で感じます。

　味覚を感じる「味細胞」には、<u>味覚受容体</u>という化学物質受容体（レセプター）があって、そこに味物質が結合することで、味細胞が興奮します。前の項目で触れた「嗅覚受容体」と同様に、Ｇタンパク質共役型受容体（GPCR）という7回膜貫通型の膜タンパク質も見つかりましたが、それ以外に、イオンチャンネル型受容体も見つかっています。味には、甘味、酸味、塩味、苦味、うま味の5種類の基本味がありますが、そのうち酸味を除いて、それぞれの味に対応する受容体遺伝子が見つかりました。

　ここに辛味がありませんが、辛味は味覚には含めないのでしょうか。辛味は味細胞ではなく温度や痛みを感じる細胞で感知されるのです。辛い食べ物を英語では「ホット」という表現で表しますが、味覚の観点からいってもこれは正しいことなのです。

7-7 磁力を感じるしくみ

―― 磁性細菌と渡り鳥のはなし

　皆さんは細胞の中に磁石をもつ細菌がいるのをご存知ですか。この細菌は、磁気を感じる**マグネトソーム**とよばれる細胞内小器官をもつことで知られ、これをコンパスのように用いてS極またはN極へ移動することができます。マグネトソームに含まれる磁気微粒子は大きさ約50ナノメートルのマグネタイト（磁鉄鉱 Fe_3O_4）からなり、周りをリン脂質の膜に覆われており、それが直線状に数個並んでいます。

　渡り鳥は、天候に左右されずに正確に方角を知り、渡りをすることができますが、渡り鳥の体内に磁石があって、方位磁針のような働きをするからなのではないかと考えられてきました。最近になって、ハトやホオジロの仲間などの脳からマグネタイトが検出され、これが方位磁針の働きをするのではないかといわれています。しかし、ハトの頭部に強力な磁石を付けて飛ばしても、正確な場所にたどりつくことができるなど、まだ脳内のマグネタイトと渡りとの関係が解明されたわけではありません。

7-8 脳を調べる2つのアプローチ
——神経ネットワーク研究と脳の画像解析

　自分の理性や感情、そして過去の記憶が脳の中にあることは疑いの余地がありませんが、脳の中でどのようにさまざまな情報が処理されているかは、人体実験ができないこともあって、なかなかわかりません。昔は、精神病患者の脳の手術をした際に、脳の一部を電極で刺激して、どのようなものが見えたか、あるいは感じたかを実験した時代もありましたが、現代ではこのような実験は容易にできるものではありません。

　脳の働きを調べるアプローチは大きく分けて2つあります。1つ目は、さきほど述べたように、脳に電極を入れてある特定の神経細胞を刺激し、その刺激がどの神経細胞から別の神経細胞に伝わるかを丹念に調べて、**脳の神経ネットワークを研究するアプローチ**です。ネズミなどの実験動物を用いた研究で行なわれることが多く、近年は、神経細胞の表面に細いガラス管の先を当てて、イオンチャンネル1個の活動を記録することができる**パッチクランプ法**という方法が用いられています。

　また、刺激を与えた神経細胞の樹状突起や軸索が脳内のどのあたりまで広がっているのか、そしてその神経細胞がどこにつながっているのかを調べるため、刺激を与えた神経細胞に色素を注

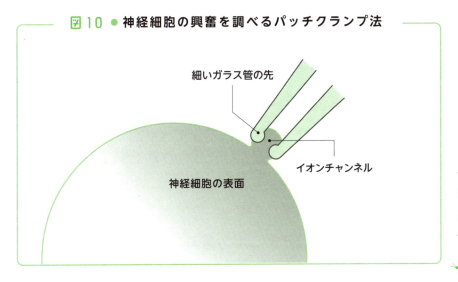

図10 ● 神経細胞の興奮を調べるパッチクランプ法

入して、その神経細胞全体を染めることもできます。しかし、1個の神経細胞が情報を伝える相手が非常に多いことから、神経ネットワークを調べるアプローチはきわめて困難を伴います。たとえば、1個の神経細胞がつながる相手が100個あったとして、その100個の細胞がつながる相手は、最初から数えると100×100すなわち1万通りも出てきてしまうのです。

　ところが、2013年に、米国スタンフォード大学の研究グループにより、脳内の神経ネットワークの解明を飛躍的に高める技術が開発されました。それは**クラリティー法**といって、電気泳動を用いて脳を透明化する技術です。脳にアクリルアミド溶液をしみ込ませてから重合させ、タンパク質や核酸を架橋しておきます。そして電気泳動という方法で脂質を洗い流して透明にするのです。これまでは組織切片を切って細胞を染色していたのが、切片を切らないでも脳全体が見渡せるようになったのです。この技術によって、脳全体における神経どうしのつながりが明らかになり、

神経ネットワークを調べるアプローチが飛躍的に発展しました。

　そして、もう１つは、脳全体からのアプローチです。血流や代謝といった脳内機能の指標を画像化することができます。これによって、脳と心の関係を、脳に傷をつけることなく調べることができるのです。このアプローチの欠点としては、脳のどの部分が活動しているかを調べることはできるのですが、個々の神経細胞の活動や神経ネットワークの解明のような細かいことはわからないことです。

　脳全体からのアプローチには、X線コンピュータ断層撮影 (CT: computed tomography)、陽電子断層撮影 (PET：positron emission tomography)、核磁気共鳴画像 (MRI：magnetic resonance imaging) などがあります。レントゲンを使ったCT画像は、①痛みを感じることがない、②脳出血と脳梗塞はほぼ100％鑑別がつく、③脳の活動はわからないので、PET画像やMRI画像と重ねて解析する、といった特徴があります。

　次に陽電子断層撮影 (PET) ですが、放射性物質（酸素の同位体 ^{15}O など）を利用しています。活動している脳領域は多くの酸素が必要なので、脳内の酸素の分布から脳の活動を調べようというものです。PETの検出の原理ですが、この方法では、酸素の放射性同位体の ^{15}O ※などを用います。ごく微量しか使わないので、脳に害はほとんどありません。^{15}O から陽電子（ポジトロン）が放出されると、その陽電子は近くの電子と衝突し、衝突した方向に対して垂直方向にガンマ線を出します。この微弱なガンマ線が脳のどの位置から出てきたかを、PETスキャン装置で検出し、画像化するのです。

核磁気共鳴画像（MRI）は、還元型ヘモグロビン（酸素がはずれた状態のヘモグロビン）が磁化されることを利用しています。磁化されたヘモグロビンを強い磁場のもとに置いて、高い周波数の電磁波を当てると、特定の周波数の電磁波を出します。これを核磁気共鳴（NMR：nuclear magnetic resonance）といって、その電磁波を検出して画像化することで、脳の活動を調べるのです。つまり、特定の脳領域が活動すると、血流が増え、より多くの酸素が運ばれます。このとき酸化型ヘモグロビンが還元型に変化します。還元型ヘモグロビンは磁化されるので、その位置を特定できれば、血中酸素濃度のわずかな変化を測定できるのです。

　神経ネットワークを調べるアプローチにも、脳全体の画像から脳の活動を調べるアプローチにも一長一短ありますが、その両方がうまく融合して初めて、脳の活動をしっかり把握できるのです。

※注：酸素原子の質量は 16 なので、^{16}O と書きます。^{15}O はこれより中性子が 1 個少ないため、酸素原子より陽子数が多くなり不安定です。^{15}O は陽子から陽電子を放出して中性子にすることで安定化しようとします。

表1 ● 脳の形態や機能を視覚化する方法

X線コンピュータ断層撮影（CT: computed tomography）

陽電子断層撮影（PET: positron emission tomography）

核磁気共鳴画像（MRI: magnetic resonance imaging）

脳磁図（MEG: magnetoencephalography）

ブルーライトは生物時計を狂わせる

—— 生物時計のしくみ

　近頃、夜眠れないためにいつもいらいらしている人が増えたそうですが、これには、携帯電話やスマートフォン、パソコンが発する青色LEDの光が関係することを指摘する専門家がいます。

　私たちの体内には、周囲の明るさに影響されない生物時計が備わっています。その<u>生物時計は脳内の視交叉上核（しこうさじょうかく）という場所にあって、1日の生活リズムをつくっています</u>。もしも、私たちが、昼夜がわからなくて時計のない場所で生活しても、毎日ほぼ同じ時間に起き、同じ時間におなかがすき、同じ時間に眠くなります。ただし、この生物時計は24時間周期より長く、だいたい25時間周期で動いています。したがって、昼夜のわからない場所にいると、毎日1時間ずつ行動がずれていくのです。これを専門用語で「フリーラン」といいます。<u>視交叉上核は、松果体（しょうかたい）で睡眠ホルモンとよばれるメラトニンの合成周期を調節しています</u>。メラトニンが血液中にたくさん分泌されると、眠気が起きて、ぐっすり眠れるのです。

　それでは、1日25時間周期の生物時計はどのようにしてリセットされ、24時間周期になるのでしょうか。これには、強い光が

関係しています。朝、皆さんが目覚めたとき強い朝日を浴びると、メラトニンが分解されて、眠気がなくなるのです。こうして25時間周期の生活リズムが24時間周期にリセットされています。メラトニンを分解する光は青色光が有効で、夕方のオレンジ色や赤色はほとんど影響しません。

ところが、近頃の電子機器の多くに青色LEDが採用されているため、夜中にこういった電子機器の画面を見ると、睡眠ホルモンのメラトニンが分解されてしまい、寝付けない状態が続くのです。

青色LEDの規制が行なわれない限り、私たちは夜、快適な睡眠を迎えられないかもしれません。そこで、青色LEDから発する青色光をカットするサングラスも発売され、それを利用する人も増えているようです。

図11 ● 体内時計とメラトニンの関係

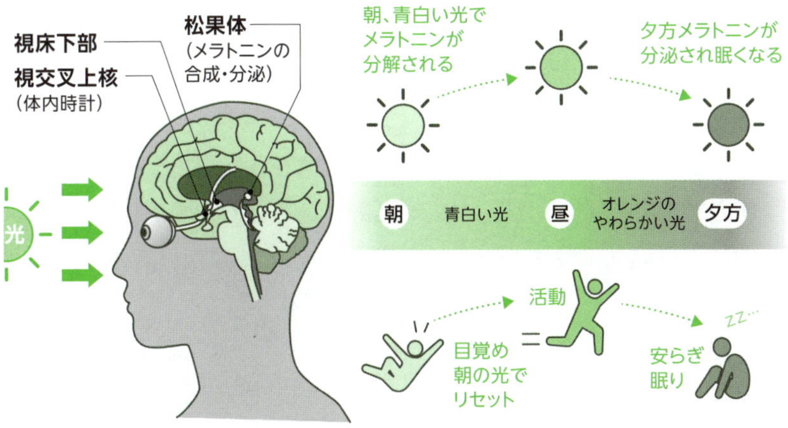

（左図）脳内の松果体・視床下部・視交叉上核の位置。（右図）朝、青白い朝日を浴びることでメラトニンが分解され体内時計がリセットされる。夕方は赤みがかった夕日はメラトニンの分解を引き起こさず眠りに向かう。

せいぶつの窓

動物には第六感はあるのか？
—— サメのロレンツィーニ器官とヘビのピット器官

さまざまな動物には、人間のもたない感覚があることが知られています。

たとえば、サメは、水中を泳ぐ魚が発するわずかな電位変化を感知して、獲物を捕まえることが知られています。サメが水中の電位変化を感知する器官は、サメの頭部全体に分布し、ロレンツィーニ器官という名前で知られています。なんと100万分の1ボルトというわずかな電位差も感知できるのです。

また、夜行性のヘビは、ネズミなどの動物の体温を感知して、獲物を狙うことが知られています。ヘビの鼻先にはピット器官という構造があり、そこで、微妙な熱の変化を感じるのです。

日本では、昔から「巨大ナマズが暴れると地震を引き起こす」と考えられてきました。茨城県の鹿島神宮には、ナマズが暴れないように押さえつけているという伝説のある「要石」という石が地面に埋められているほどです。このような伝説ができたのは、地震が発生する直前にナマズが異常行動を起こしたためだと考えられています。

これまで、科学者がさまざまな見地から地震とナマズの関係を調べてきましたが、まだ本当のところはわかっていません。地震発生直前に発生した地中で発生した微弱な電流をナマズが感知したためではないかとも考えられています。

ナマズ以外にも、地震の直前にはネズミが逃げ出すなど、動物たちがいつもと違った行動をするのは、彼らには、私たち人間にはわからない感覚（いわゆる第六感）があるからなのかもしれません。

第8章
生物の多様性と絶滅危惧種

8-1
どうして世界にはたくさんの生物種がいるのか？
―― 生物の多様性

　地球上には、じつにさまざまな生物が生活しています。山へ行けば、たくさんの種類の木々の間にさまざまな種類の昆虫が行きかい、海へ行けば、いろいろな種類の海藻が岩場に育ち、その間にはたくさんの種類の魚や貝などの海洋生物が生息しています。それでは、どうして自然界にはたくさんの種類の生物が生活しているのでしょうか。

　それには、地球上の環境が深く関係しているといわれています。すなわち、地球上には、暑い場所や寒い場所、湿った場所や乾燥した砂漠など、さまざまな気候の場所が存在し、そこには独特の生物がそれぞれの環境に適応して生活しています。しかも、その環境はいつまでも同じような状態が続くとは限りません。たとえば、地球規模の気候変動が起こって、いつもは湿り気の多い場所が長期間の日照りに遭い、長い間、水が得られない状況になると、そこに住む生物たちは大きな影響を受けます。湿ったところが好きな生物は死滅し、そこに別の場所から乾いた場所でも生活できる生物たちがやってきて、新たな住人になります。あるいは、湿り気の多い場所に適応していた生物の中から、乾燥に強い生物だ

けが生き残り、新たな種類の生物が生まれたりします。

　環境の多様性が生物の種類数に関係するひとつの例を紹介しましょう。図1のように、日本列島とアメリカ大西洋岸を比べてみると、北から南への緯度の広がりといい、海岸線が北東から南西に延びている様子など、とてもよく似ています。しかし、アメリカ大西洋岸に比べて、日本の海岸は海岸線がずっと複雑です。日本列島は火山島なので、海岸に岩場があるかと思うと、すぐと

図1 ● **日本列島沿岸と大西洋の同緯度同縮尺の地図と海岸の風景写真**

日本：小豆島　　　アメリカ：サウスカロライナ州

日本列島は火山島なので、海岸線が入り組んで、磯や砂浜など、多種多様な環境をつくっている。一方、アメリカ合衆国の大西洋岸は、北はニューヨークから南はフロリダまでほとんど砂浜で、自然環境が単調。そのため、日本沿岸に住む生物種の数は、アメリカ大西洋岸よりも圧倒的に多い。

なりには砂浜が広がり、浅い海から数千メートルの深い海まで、さまざまな環境が存在しています。駿河湾や相模湾は、海岸のすぐ近くまで水深数千メートルの深海が広がっていることも、世界的に有名です。

　一方、アメリカの大西洋岸は、大陸が分裂した裂け目にあるので海岸線が単調です。北はメイン州からニューヨーク辺りまでは岩場が続きますが、それから南はフロリダまで長い砂浜ばかりが続き、ほとんど岩場がありません。

　日本近海とアメリカ大西洋岸を生物の種類の数で比較してみると、驚くべきことがわかります。たとえば、海に住むカニの種類でみると、世界中で約5000種いるカニ類のうち、日本近海には約1000種類が生息しています。ところが、アメリカ大西洋岸にはたった200種類足らずしかいないのです。たしかに日本近海のほうがアメリカ大西洋岸より歴史的に古いことは事実ですが、生物が海洋を比較的自由に移動できることを考えると、それだけでは説明できません。大西洋岸の場合、よく似た環境が広い範囲に存在した結果、その環境にもっとも適応した種類だけが繁栄し、他の種類の生物がその環境に入り込む余地が少ないのです。

　また、世界中の何か所かに、新しい生物種が次々と誕生する場所があります。これをホットスポットといいますが、熱帯雨林やサンゴ礁などがそれに当たります。じつは日本近海もホットスポットの1つなのです。

8-2 生物学ではどうして人間のことを「ヒト」とカタカナで書くのか？

—— 学名と和名のはなし

　生物学では、生物の名前をカタカナで書くならわしとなっています。すなわち、稲をイネ、小麦をコムギ、牛をウシなどと書くのと同様に、人間のことも人をヒトとカタカナで書きます。

　それでは、生物の名前はそもそもどのようなつけ方がされているのでしょうか。私たちには苗字と名前があるように、生物の名前も苗字と名前に似た方法で名前がつけられています。つまりよく似た生物種どうしを集めて、同じ苗字をつけるわけです。このような２つの単語を並べて生物の名前を付ける方式を二名法といい、18世紀のスウェーデンの生物学者リンネ（Linné）という人が初めて採用しました。それまで国ごとによび名がバラバラだった生物の名前が統一されたので、世界中の研究者が同じ生物を同じ名前でよぶことになり、生物学の世界的な発展を陰から支えることになったのです。

　世界共通の生物の名前を**学名（Scientific name）**といい、ラテン語で名付けることが規則で決まっています。また、イタリック体（斜字）で書くことが多いようです。一方、日本での名前を和名といい、こちらはカタカナで書くのが通例となっていま

す。たとえば、ヒトの学名は *Homo sapiens* といい、*Homo* が苗字、*sapiens* が名前に当たります。その後に名付け親（命名者）の名前と名付けた年号を付けることもあります。この場合、ヒトの名付け親はリンネ（Linnaeus は Linné のラテン語名）なので、*Homo sapiens* Linnaeus,1758 となります。

　生物学を専門的に学ぶ人は、代表的な生物の学名を覚える必要があります。遺伝子やタンパク質などのデータベースには、生物種が学名やその略号で掲載されているので、有名な生物の名前は学名で覚えておかなければならないのです。分子生物学でよく利用される大腸菌の学名は *Escherichia coli*（エッシェリキア・コラーイ）というのですが、苗字が長くて覚えにくいので、単に *E.coli*（イー・コラーイとかイー・コリ）といいます。同様に、発生学や遺伝学の研究に欠かせない *Caenohabditis elegans*（カエノハブディティス・エレガンス）という長い名前をもった虫がいますが、短く縮めて *C.elegans*（シー・エレガンス）とよびます。エレガントな名前なのでさぞかし美しい生物のように思えますが、じつはミミズのような細長い線虫の一種で、体長は数ミリほどしかありません。

　ここで、代表的な生物の学名を挙げてみましょう。イヌは *Canis familialis*（キャニス・ファミリアーリス）、ネコは *Felis catus*（フェリス・キャテュス）、ニワトリは *Gallus gallus*（ガルス・ガルス）、ウシは *Bos taurus*（ボス・タウルス）です。イネは *Oliza sativa*（オリーザ・サティーバ）、アジサイは *Hydrangea otaksa*（ヒドランジア・オタクサ：江戸時代末期に来日したシーボルトが日本人女性「お滝」さんの名前をつけた）

といいます（現在は*Hydrangea macrophylla*となっています）。

　日本人にとってもっとも大事な学名は、佐渡島に生息する絶滅危惧種のトキではないでしょうか。その名は*Nipponia nippon*（ニッポニア・ニッポン）といいますから、日本の国名を背負ったトキを絶対に絶滅させないよう手厚い保護が必要ですね。

表1 ● 生物の種名

略号	学名（イタリック体）	英名	和名
hsa	*Homo sapiens*	human	ヒト
ppr	*Pan troglodytes*	chimpanzee	チンパンジー
mmu	*Mus musculus*	mouse	マウス
rno	*Rattus norvegicus*	Norway rat	ノルウェーラット
cfa	*Canis familiaris*	dog	イヌ
fca	*Felis catus*	domestic cat	ネコ
bta	*Bos taurus*	cow	ウシ
ssc	*Sus scrofa*	pig	ブタ
ecb	*Equus caballus*	horse	ウマ
mdo	*Monodelphis domestica*	opossum	オポッサム
oaa	*Ornithorhynchus anatynus*	platypus	カモノハシ
gga	*Gallus gallus*	chicken	ニワトリ
xla	*Xenopus laevis*	African clawed frog	アフリカツメガエル
eco	*Escherichia coli*	colon bacillus	大腸菌
osa	*Olyza sativa*	rice plant	イネ
dme	*Drosophila melanogaster*	fruit fly	キイロショウジョウバエ

8-3 生物の世界には動物と植物の他に第3の生物がいる

―― 菌類のはなし

　皆さんは、地球上にはどのような生物が生活しているかと聞かれたら、どのように答えますか。おそらく動物と植物と答える方が多いだろうと思います。しかし、生物学からみると、動物でも植物でもない第3の生物がいるのです。それは、キノコやカビの仲間です。

　いや、カビやキノコはほとんど自分では動かないから「植物のなかま」だろう、という方もいると思いますが、キノコやカビは多くの植物とは決定的な違いがあるのです。たいていの植物は緑色をしています。この緑色は、植物が光合成を行なって水と二酸化炭素からブドウ糖などの栄養分をつくり出すときに必要な葉緑体の色なのです。すなわち、植物は自分で栄養分を合成することができますが、キノコやカビは自分では光合成ができません。その代わり、他の動植物に寄生してそこから栄養分をもらう生物なのです。

　また、キノコの体をつくる物質も植物とは大きく異なっています。植物では、細胞壁がセルロースという炭水化物からつくられていますが、キノコやカビの仲間では、セルロースの代わりにキ

チンという物質からつくられています。キノコを食べたときに、野菜や果物とは違った食感があるのは、そのためなのです。遺伝子の研究からもキノコやカビの仲間は、動物や植物とは大きく異なる別のグループを形成していることがわかりました。

さて、キノコやカビの仲間に、粘菌(ねんきん)という変わった生物がいます。そのうち細胞性粘菌は、あるときは単細胞になったり、また、あるときは多細胞になったりするので、生物学では、単細胞生物から多細胞生物の進化を考える際に、きわめて興味深い生物として位置づけられています。

胞子から生まれた細胞性粘菌は、通常は土の中で単細胞の状態で大腸菌などのバクテリアを食べて生活しています。ところが、エサがなくなると、ある細胞が救援信号を発し、それを受け取った仲間の細胞が一斉に集まってきます。そして、細胞が10

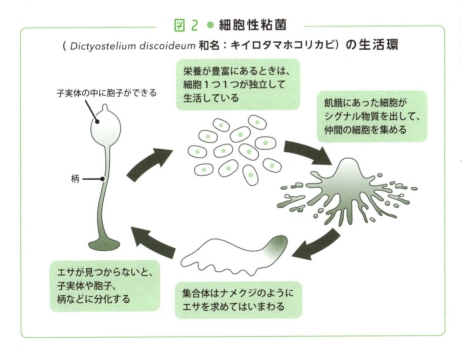

図2 ● 細胞性粘菌
(*Dictyostelium discoideum* 和名：キイロタマホコリカビ) の生活環

子実体の中に胞子ができる
柄
エサが見つからないと、子実体や胞子、柄などに分化する
栄養が豊富にあるときは、細胞1つ1つが独立して生活している
飢餓にあった細胞がシグナル物質を出して、仲間の細胞を集める
集合体はナメクジのようにエサを求めてはいまわる

万個程度からなる細胞の集団を形成し、それがナメクジのような動物になり、エサを求めて移動を始めます。それでもエサが見つからないと、ナメクジ状のからだのうち前部4分の1の細胞が子実体形成の際に子実体をもち上げる「柄」の部分となって死に、後部4分の3の細胞は子実体の中の胞子となって生き残ります。つまり、単細胞生物から多細胞生物になった時点で、死ぬ運命にある細胞が残りの仲間を助けるために登場するのです。

8-4 近い将来、ウナギが食べられなくなる？

―― 絶滅危惧種とは何か？

　「今日は土用の丑の日だから、ウナギでも食べに行こうか」というのは、真夏の暑い時期の定番の（ちょっとぜい沢な）セリフですが、このごく当たり前の会話が近いうちにできなくなるかもしれません。というのも、ここ数年、海から川へ戻ってくるウナギの稚魚「シラスウナギ」の数が激減し、養殖用のウナギの稚魚が確保しにくくなっているからです。近い将来、ウナギが絶滅して、世界中からいなくなってしまう恐れがあるのです。

　日本産のウナギは「ニホンウナギ」という種類ですが、成長すると海に下り、太平洋の深海で産卵します。そこで生まれた稚魚が自力で大海原を泳いで、日本周辺の川に戻ってくるのです。河口に到達した稚魚はシラスウナギとよばれ、それを網ですくって養殖用の生簀で大切に育てます。

　2006年に、ニホンウナギの産卵場所がグアム島の西にあるマリアナ海溝周辺にあることがわかりました。しかし、ウナギを卵から孵化させて大人のウナギまで人工的に育てる完全養殖は、2013年に（独）水産総合研究センターが世界で初めて成功したものの、商業ベースで完全養殖を行なうには、まだまだ解決しな

ければならない問題がたくさんあります。環境省はこの事態を重く見て、2013年には、ニホンウナギを、近い将来に絶滅する可能性が高い**絶滅危惧種（endangered species）**にリストアップしました。すると、2014年には国際自然保護連合（IUCN）がニホンウナギを絶滅危惧種に登録したのです。

　一方、ヨーロッパにも「ヨーロッパウナギ」という種類のウナギがいます。ところが、ヨーロッパウナギも近年、大幅に数が減ってしまったのです。じつは、1990年代にヨーロッパで捕獲したシラスウナギを中国で養殖し、日本へ輸出するルートが確立したのですが、ヨーロッパでもシラスウナギを獲りすぎたため、1980年のウナギの数を100%としたとき、2005年にはその約1〜5%にまで激減してしまったのです。残ったわずかなヨーロッパウナギを保護するため、2009年から国際取引が規制されています。すると今度は、インド洋などに住むビカーラウナギ（*Anguilla bicolor*）の稚魚が日本に輸入されて養殖され始めたのですが、「日本人は世界中のウナギを食べ尽くすのか」と世界から非難される事態になってしまいました。

　ウナギのほかには、世界中で寿司ブームが起こった影響で、クロマグロをはじめとするマグロ類が激減しています。マグロのない寿司屋や、ウナギのない鰻屋など、皆さんは想像できるでしょうか。

　ウナギやマグロのように、個体数が極端に減少して、確実に絶滅に向かって歩み始めている動植物群を、絶滅危険種または絶滅危惧種といいます。そして、絶滅のおそれがある野生生物をリストにして、その分布や生息状況を詳しく紹介するガイドブック

のことを、危機を意味する赤い表紙から、**レッドデータブック**
(Red-data book) といい、この本に載っている野生生物のリス
トを**レッドリスト**といいます。

　このリストは、**種の保存法**（後の節で詳しく説明します）によ
る希少植物の保護や、無秩序な自然破壊を防ぐ環境アセスメント
の基礎資料として活用されています。2017 年版 IUCN のリス
トによると、絶滅の恐れがある生物は、世界中で 2 万 5821 種
にも達したといいます。

　国際自然保護連合（IUCN）では、絶滅の危険度をもとに、野
生動植物を、絶滅種、絶滅危惧Ⅰ類——絶滅危惧ⅠA 類（ごく
近い将来に絶滅する危険性が高い「絶滅寸前種」）、絶滅危惧ⅠB
類（近い将来に絶滅する危険性が高い「絶滅危機種」）とに分け
られる——、絶滅危惧Ⅱ類（絶滅の危険性が高まっている「危急
種」）、準絶滅危惧類（希少種）などに分類しており、環境省でも
ほぼそれに合わせて分類しています。

表 2 ● 絶滅危惧種と絶滅種

	哺乳類	鳥類	爬虫類	両生類	魚類	無脊椎動物	植物
絶滅種	ニホンオオカミ	リュウキュウカラスバト					
絶滅危惧IA類	イリオモテヤマネコ	コウノトリ					
	ジュゴン	ヤンバルクイナ			ミヤコタナゴ		
絶滅危惧IB類	オガサワラオオコウモリ	イヌワシ	アカウミガメ		ホトケドジョウ		
		ライチョウ			ムツゴロウ		
絶滅危惧II類	ゼニガタアザラシ	アホウドリ	リュウキュウヤマガメ	トウキョウサンショウウオ		ゲンゴロウ	キキョウ
		タンチョウ				オオクワガタ	フジバカマ
						ニホンザリガニ	
準絶滅危惧類	エゾナキウサギ	オオタカ	ニホンイシガメ	アカハライモリ	ヤリタナゴ		
（希少種）				トノサマガエル			

219

8−5 ワシントン条約とは何か？
── 絶滅危惧種を絶やさないために

　成田や関空など国際空港へ行ったとき、国内もち込み禁止の動植物やそれからつくられた製品を買わないように注意を促すパンフレットが置いてあったり、ショーケースに野生動物の剥製や、ワニ皮のハンドバッグ・象牙などの製品が陳列されていたりするのを見かけたことはありませんか。これらは、これから海外に出かける旅行者に、国際的な取引が禁止された動植物やその製品を知らせて、そういった製品を外国で買って来ないように促すものです。

　たとえば、野生のゾウからとった象牙、ワニ皮のハンドバッグ、野生のランやサボテン、熱帯の美しいチョウなどが、輸入規制の対象になっています。これらを国内へもち込もうとすると、税関で取り上げられたり、法的に罰せられたりします。

　税関が厳しいのは、ワシントン条約 Washington Convention に加入している国どうしで、特定の動植物やそれからつくられた製品の輸出入を厳しく取り締まっているからなのです。ワシントン条約の正式名称は、「絶滅のおそれのある野生動植物の種の国際取引に関する条約／CITES（サイテス：Convention on International Trade in Endangered Species of Wild Fauna and Flora)」といいます。これは、輸出国と輸入国が協力して、絶滅に瀕した野生動植物の国際的な取引を規制し、これらの動植物の保護をはかる条約です。1973年にワシントンで採択され、日本は1980年に加入しています。

　どのような製品がワシントン条約の規制対象になっているかは、以下の表3をご覧ください。

────── 表3 ● ワシントン条約による規制対象品 ──────

漢方薬・塗り薬・酒類
クマの胆嚢、トラ、コブラ、ジャコウシカなどの成分を含んだもの　など

革製品
トカゲ、ヘビ、ワニなどの革を使用したバッグ、財布、時計バンド、ベルト、楽器類　など

はく製・標本
カメ、ワニ、タカ、ワシ、トラなどのはく製、チョウの標本　など

生きている動物
カメ、サル、ヘビ、カメレオン、カワウソ、オウム、インコ、アロワナ　など

その他の製品
象牙製の印材・彫刻品・装飾品、亀甲製品、クジャクの羽、サンゴ、ダチョウの卵、キャンデリラワックス（トウダイグサ）を含む化粧品など

生きている植物
ラン、サボテン、ヘゴ、ソテツ、アロエ、トウダイグサなど

※経済産業省ホームページより抜粋

8-6 罰金の最高額は1億円？

――種の保存法の罰則強化

　ペットブームやガーデニングブームの影響で、外国の希少な種類の動植物が、非常に高い値段で取引されることがあります。特に、日本ではカメ類を含む多くの爬虫類がペットとして輸入されています。ペットはかわいいものですが、珍しい動植物は東南アジアやアフリカ、中南米などからはるばるやってきたものが多いのです。現地ではそれらの珍しい生物が手厚く保護されていて、ワシントン条約で輸出入が厳しく規制されているにもかかわらず、貴重な動植物の密輸入が繰り返されています。

　これまで、これら密輸入された動植物は国内にもち込まれてしまった後は、法的な規制はほとんどありませんでした。そこで国はこの事態を重くみて**種の保存法**を制定し、この法律は1994年から施行されました。この法律ができたおかげで、国内で絶滅危惧種の商取引が行なわれていた場合、関係者を罰することができるようになったのです。

　種の保存法の正式名称は「絶滅のおそれのある野生動植物の種の保存に関する法律」といいます。この法律では、哺乳類や鳥類のほか、昆虫、魚、植物まで、絶滅のおそれのある生物を体系的に守ろうとしています。しかも、指定した種の捕獲や流通を禁じ

る個体保護だけでなく、指定種が生息する場所の開発や樹木伐採を制限する生息地保護、そして絶滅に瀕した生物の保護増殖もこの法律で規定されています。特に、トキやヤンバルクイナなど82種は「国内希少野生動植物種」に指定され、捕獲や譲渡が禁止となっています。

　ところが、珍しい動植物は高値で取引されるので、多少の罰金（最高100万円）を払ってでも何度も密輸入を繰り返す業者が後を絶ちませんでした。たとえば、マダガスカルに生息するイニホーラリクガメは2匹合わせて700万円で取引されていたこともあります。そこで、国は種の保存法の罰則強化をはかり、違反者が会社などの団体の場合は最高1億円の罰金をかけることができるようにしました。

8-7 外国からやってきた危険な生物たち

――外来種のはなし

　外国旅行に出かける観光客は年々増加していますが、見ず知らずの土地で、何気なく拾ったカタツムリや植物の種子など、外国の動植物を国内にもち込んだことがきっかけで、国内の生態系を大きく壊してしまうことがあります。こんなことはめったに起こらないだろうと思われる方は、家からちょっと外へ出てみてください。外国から侵入した雑草が私たちのまわりにはいかに多いことでしょうか。花粉症を引き起こすことでやっかいな雑草の「ブタクサ」や、道端に咲く「セイヨウタンポポ」、秋に野原一面を黄色に染める「セイタカアワダチソウ」などは、帰化植物（外来種）の代表例です。

　また、池のほとりには大きく成長したアメリカ産のミシシッピアカミミガメ（昔、ミドリガメという名前で、縁日などで売られているのをよく見かけたカメ）が池の主とばかりにのんびりと日向ぼっこをしていますし、川や湖には「ブラックバス（オオクチバスやコクチバス）」という外来魚が増加しています。近年、ペットとして飼われていたワニガメという凶暴なカメが河川や池に捨てられているのが見つかったり、同じくペットとして飼われてい

たアライグマが逃げ出して野生化し、タヌキの生存を脅かしたり、農作物を食い荒らしたりしています。

　このように外国からやってきたこれらの帰化生物は、ふつう天敵がいないので爆発的に増殖します。そして農作物に多大な被害を与えるばかりか、日本古来の生物を絶滅に導いてしまうこともあるのです。

　そこで、帰化生物から日本古来の生物を守り、日本独自の生態系を保全するために、外来生物法（Cabinet Order for Enforcement of the Invasive Alien Species Act）が制定されました。この法律の正式名称は、「特定外来生物による生態系等に係る被害の防止に関する法律」といいます。生態系や農林水産業に影響を与える外来種の規制が目的で、2005年6月に施行されました。「特定外来生物」（表4参照）に指定された生物は、

表4 ● 特定外来生物

哺乳類	タイワンザル	ヌートリア	タイワンリス	アライグマ	マングース	キョン
鳥類	ガビチョウ	ソウシチョウ				
爬虫類	カミツキガメ	アノールトカゲ	タイワンハブ			
両生類	オオヒキガエル	ウシガエル				
魚類	カダヤシ	ブルーギル	オオクチバス	コクチバス		
無脊椎動物	セアカゴケグモ	ハイイロゴケグモ	キョクトウサソリ	ウチダザリガニ	シナモクズガニ	
昆虫類	セイヨウオオマルハナバチ	ヒアリ	アカカミアリ	アルゼンチンアリ		
植物	オオキンケイギク	ミズヒマワリ	オオハンゴンソウ	ナルトサワギク	アレチウリ	ボタンウキクサ

225

飼育や移動、輸入、野外へ逃がすことが原則として禁止されます。

　しかし、外来種は珍しいものではありません。環境省の調べでは日本にいる外来生物は約2000種にものぼっているのです。環境省はペットの飼い主に慎重な取扱いを求めていますが、ワニやカミツキガメのような外来種を野外に捨てたり、釣りを楽しみたいからブラックバスを河川や湖に意図的に放流するなど、マナーが悪ければ飼育が禁止される特定外来生物はもっと種類が増えてしまうでしょう。この法律に違反すれば、懲役3年以下か300万円以下の罰金、会社など団体の場合は1億円以下の罰金が科せられるのです。

せ い ぶ つ の 窓

最悪の外来生物ヒアリが日本に侵入した

　ついに恐れていたことが現実になりました。南米原産の体長2.5ミリメートルほどの有毒のアリ「ヒアリ（火蟻）」が日本に侵入しました。このアリは攻撃性が強く、刺されると火が付いたような猛烈な痛みが走るので、英語でファイア・アント（fireant）とよばれています。筆者は1990年に米国滞在中にサウスカロライナ州チャールストンで大きな蟻塚をつくっているのを見たことがありますが、このアリの恐ろしさをよく知っていたため、絶対に日本への侵入は阻止しなければならないと考えていました。米国では、毎年約100名の死者が出ているほどです（異論もあります）。世界では北米や中国、フィリピン、台湾などにも外来生物として侵入し、すでに広い地域に定着しています。2017年5月、兵庫県尼崎市で、中国・広東省広州市の南沙港から出航した貨物船に載せられていたコンテナ内部から発見されました。その後、神戸港、大阪港、東京・大井ふ頭などから、ヒアリが次々と発見され、港だけでなく内陸でも発見され、神奈川、埼玉、岡山、福山、大分などでも確認され、国内で定着する可能性が高まったとの見方があります。ヒアリは直径数十センチの塚をつくりますが、もし見つけてもアリ塚を絶対に踏みつけてはいけません。あっという間に何百匹のヒアリが足先から上ってきて一斉に刺すのです。特に小さな子どもが刺されると命の危険にさらされる場合もあります。現在、環境省や各地の地方自治体などではヒアリに対する警戒を強め、ヒアリが日本に定着しないように懸命な努力を行なっています。

第8章

生物の多様性と絶滅危惧種

8-8 絶滅が心配される野生生物を増やすための秘策

―― オスとメスひと組だけではゴリラは繁殖できない

　17世紀に始まった産業革命以降、世界中で野生生物の絶滅が止まりません。特に20世紀に入ってからは、生物の長い歴史上もっとも速いペースで野生生物の絶滅が起こっています。生物学者は、生物が大量に絶滅した時期を境に、古生代、中生代、新生代を分けています。今から約6500万年前の中生代白亜紀の最後に起こった恐竜の絶滅は、皆さんもご存知だと思いますが、絶滅した生物の種類でみると、現在のほうがはるかに速いペースで絶滅が進んでいるのです。

　その主な原因は、人間の生活活動に関係しています。人間が石炭や石油、天然ガスなどの化石燃料を大量に燃やした結果、大気中に大量の二酸化炭素が放出され、それが温室効果をもたらして地球の表面温度が毎年上昇しています。気温が単に上昇するだけでなく、台風や竜巻が増えたり、逆に日照りが原因で森林火災が頻繁に起こるようになったりしているのです。

　このような地球規模の環境の変化に適応できない生物が次々と絶滅しています。また、人間が森林を伐採することにより生息地を失った野生動物がすみかを失って絶滅する場合や、人間がもち

込んだ帰化生物によって、大昔からその土地に生活していた生物が絶滅することもあります。多かれ少なかれ、野生生物の絶滅に人間がかかわっていることは事実で、世界中の研究者たちが、野生生物の大絶滅を何とか食い止めようと必死に頑張っています。野生生物は、さまざまな理由で滅んでいきます。

　人間は、野生動物はオスとメスのつがいがいれば、その動物は生き残れると考えがちですが、それがそうでもないのです。たとえば、リョコウバトという鳩の一種は、北アメリカ大陸に星の数ほど生息していましたが、ある程度まで数が減少した時点から一気に絶滅への道をたどりました。この鳩は集団で生活するため、少数のオスとメスのつがいがいただけでは、子孫の数を維持できなかったのです。

　また、動物園ではゴリラが人気で、どこの動物園でもゴリラを欲しがりますが、ワシントン条約でゴリラを外国から輸入できなくなった現在では、国内の動物園で繁殖させるしかゴリラの数を増やすことはできなくなってしまいました。従来は、ゴリラはオスとメスが１頭ずついれば繁殖できると動物園関係者の人々は考えていましたが、ゴリラは強いオス１頭に対してメスが何頭もいるという「ハーレム」を形成しますので、オスとメスが１頭ずついるという状態では、夫婦関係ではなく、兄妹関係になってしまうのです。そこで、全国の動物園に残ったゴリラを１か所に集めてゴリラを集団で飼育したところ、ようやく子どもが生まれたそうです。

8-9 生物の多様性を守る秘策

── 北極圏の種子貯蔵施設

　もしも環境が急激に変わり、多くの生物が死滅してしまったとしても、滅ぶ前に多くの種類の生物がいれば、そのうちの一部は生きのびることができます。そして、彼らは新たな環境に適応し、その地域の生態系は安定した状態に保たれます。ところが、最初から生物種が少ないと、生物の大量絶滅が起きると、その環境に適応できる生物がすぐには現れないため、生態系が荒廃してしまうのです。

　人類はたくさんの種類の生物を自分たちの生活のために利用してきましたが、もしも生物の大量絶滅が続けば、私たち人類にとっても大きな損害になります。特に、私たちの食物となるさまざまな農作物は、環境の変化に適応するためにたくさんの遺伝子をもっています。たとえば、おいしいけれど乾燥に弱いトマトがあったとき、おいしくないけれど乾燥に強いトマトがあれば、交配や遺伝子組み換えによって、乾燥に強くおいしいトマトをつくることができるでしょう。しかし、乾燥に強いトマトは味がまずいからといって誰も育てなければ、そのトマトを使った品種改良も、遺伝子組み換えもできなくなってしまいます。

　地球温暖化に伴う気候変動で砂漠化が進んでしまったり、人口

爆発による食糧難を解決するために熱帯雨林を切り開いて次々と畑に変えている現在の状況では、環境変化に適応できない野生植物やあまり利用されない農作物はどんどん地上から消えていく運命にあります。そこで、野生植物が絶滅したり、あまり利用されない農作物がなくなってしまったりする前に、その種子を集めて長期間保存しておき、必要に応じて種子を発芽させて植物を育てたいという希望が出てきます。

　このような考えから、2008年2月、天然の冷蔵庫ともいえる北極圏に、世界中から農作物の種子を集めて保存する施設が誕生しました。それが、北欧ノルウェー領スバールバル諸島のスピッツベルゲン島にある**スバールバル全地球種子庫（Svalbard global seed vault）**です。地球温暖化や戦争などによる絶滅に備えるため、世界中の作物の種子を集める施設です。種の絶滅などが起きたとき、種子を供給して復活させることを目的としています。この施設は運用から2年間で50万種の植物の種子を集めました。目標は450万種だそうですが、これが聖書の「ノアの方舟」の物語のように、いつか役に立つ日が来るのでしょうか。

第8章

生物の多様性と絶滅危惧種

231

せいぶつの窓

話題の生物種
—— 世界一小さいカメレオンなど

　人類の自然界に対する興味が地球の果てにまで広がった結果、世界中の研究者が、これまで自然環境が厳しくてなかなか行くことができなかった場所にまで出かけて行って、生物の調査を行なうようになりました。その結果、多数の野生生物が新たに発見されるようになりました。ここでは、いくつかの例を挙げてみましょう。

　アフリカ南部の島国マダガスカルでは、全長3センチに満たない世界最小のカメレオンが発見されました。島の限られた資源に順応して体が小さくなる現象を島嶼化といい、本種はその極端な例だといわれています。

　2010年4月には、マレーシア、インドネシア、ブルネイにまたがるボルネオ島で、世界でもっとも長い昆虫が見つかりました。この昆虫はナナフシの仲間の新種で、伸ばした前肢の先から腹部の後端までの長さが56.7センチ、体長は35.7センチもありました。発見者にちなみ、チャンの巨大な枝（Chan's mega stick）と命名されています。

　海では、海洋生物センサス（CoML：Census of Marine Life）という、世界中の海で生物の分布や多様性を調べる10年がかりの巨大プロジェクトが行なわれ、2010年10月に完了しました。日本を含む約80カ国から2千人を超す研究者が参加し、一連の調査で新種とみられる5千種以上の生物が見つかったのです。日本近海には全海洋生物の14.6%にあたる約3万3千種の海洋生物が生息していて、オーストラリア近海とともに世界中でもっとも多様性に富んでいる海域であることも明らかになりました。

生物は環境の中でどう生きているか

9-1 生態系を構成する生産者と消費者

── エコシステムとは何か？

　自然界では、生物は単独では生活できません。同じ種類の生物どうしの協力関係や敵対関係に始まり、他の生物との関係（〈食う─食われる〉関係や、共生関係、寄生関係など）、さらには、生物を取り巻く多様な地球環境との関係など、さまざまな関係をもっています。このように、生物群集（動物群集や植物群集）およびそれを取り巻く自然環境の環境要因をすべてまとめて**生態系（エコシステム）**といいます。

　最近、地球の温暖化によって、さまざまな気候変動が現れるようになりました。世界各地の年間の最高気温が毎年更新され、気温差が激しくなり、猛烈に暑い日々が続いたかと思うと、極端に寒い日もあり、台風や竜巻の威力が増したり、大雨が降り続いて、土砂災害が頻繁に起こるようになりました。

　このような気候の変化に伴い、世界的には生物の大量絶滅が起こっています。生物は環境から切り離しては生きられないことから、生物の大量絶滅を食い止めるには、生態系（エコシステム）をしっかり理解しなければならないのです。

　最近、アカトンボやカエルが減ったとか、毛虫が大繁殖したとか、自然界の異変に気づいたとします。しかし、その原因は単純

なことは少なく、意外にも複雑な要因が影響している場合が多いのです。毛虫が大繁殖したら殺虫剤を撒けばいいのではないかと考える方が多いでしょう。ところが、殺虫剤が、その毛虫を食べる益虫まで殺してしまったとしたら、次の年には、もっと毛虫が増えるかもしれないのです。生態学を理解するというのは、私たちが自然に対してどのように接すれば、安定した地球環境を維持できるかを知る手がかりにもなるのです。

　生態系を構成する生物は、生産者と消費者の、2つに大きく分けることができます。生産者は、光合成を行なって太陽エネル

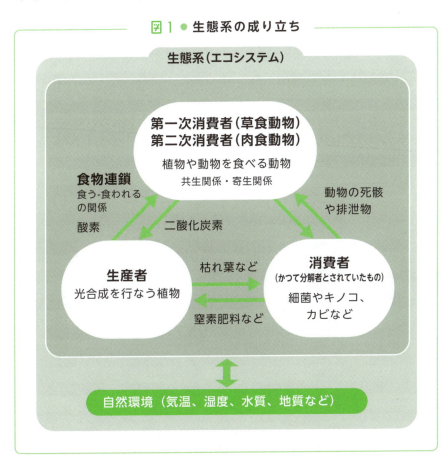

図1 ● 生態系の成り立ち

ギーから有機物を合成する緑色植物のことを指します。消費者は動物のことを指し、植物を食べる草食動物のことを第一次消費者、草食動物を食べる動物のことを第二次消費者、それを食べる動物を第三次消費者などといいます（枯れた植物や死んだ動物、あるいは動物の排泄物などを分解する生物を、以前は分解者とよんでいましたが、現在では消費者に分類されています）。

このように、生態系では、生物どうしの〈食う―食われる〉（捕食者―被食者）関係が、まるで鎖のようにつながってみえるので、**食物連鎖**といい、その関係が複雑な場合、それを網にたとえて、**食物網**ということもあります。

9-2 ハビタットとニッチとは何か？

―― わかりにくい生態学用語を解きほぐす

　私たちは、毎日生活していく中で、自分の居場所があります。それは住んでいる家だけではなく、社会的な地位や仕事なども含まれます。もしもあなたが、会社員だったら、会社にはあなたの机があり、そこで仕事をして給料をもらい、自宅へ帰れば、家族がいるかもしれません。このように人によってさまざまな暮らしがあると思います。

　自然界でも、それぞれの生物にはその生物特有の暮らしがあり、その生物の居場所（生息環境）のことを**ハビタット**といいます。そして、それぞれの生物の生態的地位のことを**ニッチ**といいます。生態的地位とは、その生物の居場所だけでなく、食物連鎖においてその動物が占める地位などを指します。もともとニッチとは、寺院などで仏像や装飾品を置くための壁に設けた窪み（壁龕(へきがん)）のことを指します。よって、窪みは一定の数があり、その窪みにうまく収まりきらない生物は、生態系から取り除かれるのです。

　すべての野生動物は、その種特有の生態的地位をもっています。食物連鎖においては、小鳥は、昆虫を食べる立場にいながら、ワシやタカなどの猛禽類には食べられるなどといった具合です。図

2 を見てもらうと、それぞれの動物がまるでひとつの壁龕にはまり込んでいるのがわかるでしょう。

　たとえば、日本では昔、全国各地にオオカミが住んでいましたが、人間によってオオカミが絶滅した後、野良犬がオオカミと同じような生態的地位（ニッチ）に入り込み、野生動物を捕食するようになった場合が、その例にあたるでしょう。もしも野良犬が、オオカミの占めていたニッチに入り込まなければ、おそらく生態系では生き残れなかったことでしょう。

　日本では、明治時代に農薬を大量に使用したために、農薬に汚

図 2 ● 野生動物のニッチを表す図

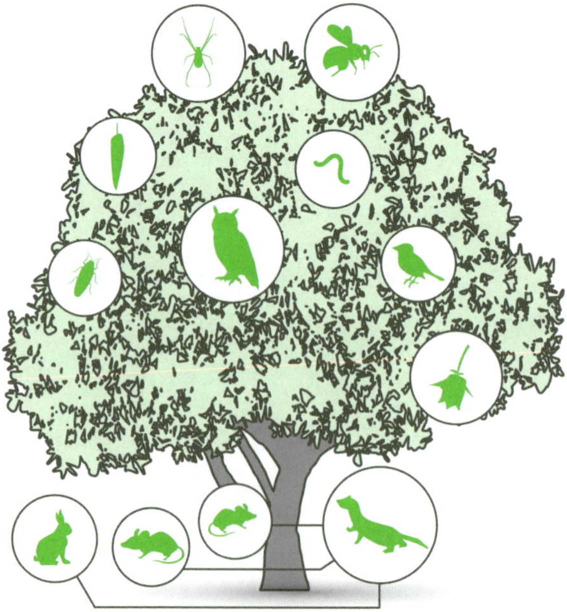

それぞれの動物が、食物連鎖（食物網）を通して独特の生態的地位にいることが、まるでそれぞれの動物が壁龕におさまっているかのように見える。

染された昆虫を食べた野鳥が大量に死滅しました。このときこれらの野鳥が占めていたニッチが失われたのです。野生のコウノトリやトキが日本で絶滅し、それを復活する試みは今のところ順調にいっていますが、日本各地でこれらの野鳥が見られるようにするためには、彼らのニッチをつくっていかなければならないのです。

　江戸時代には水田では農薬などはほとんど使われていませんでした。そのため、水田には害虫、益虫を含めてさまざまな昆虫がおり、それを食べることでこれらの野鳥は生き延びてこられたのです。しかし、現在、農薬を使わない農業を行なっている農家はどれくらいあるでしょうか。無農薬農業を行なうには大変なコストと手間がかかり、有機農業を行なえる農家は、それほど多くはありません。そのため、せっかく絶滅を免れたこれらの野鳥を自然界で繁殖させるには限界があり、江戸時代のように日本各地でコウノトリやトキが見られた状態に復元するのは大変なことなのです。一度失われたニッチを復活させることがいかに難しいかがわかる事例です。

9-3 植物は動物よりがまん強い

―― 最新のゲノム研究から探る植物の生存戦略

4-9で説明したように、ヒトゲノム計画が世界的な共同作業で行なわれましたが、その後ゲノム解読はヒト以外のさまざまな生物でも行なわれるようになりました。それぞれの生物種のもつ遺伝子の数についても報告されていますが、当初、下等な生物ほど遺伝子数が少なく、高等になるにつれて遺伝子数が多くなると単純に予想されていました。よって、ヒトのゲノム解読が終わり、推定される遺伝子数が約2万6千個と発表されたとき、意外に少ないと驚かれました（その後ヒトの遺伝子は約2万個と訂正されています）。そして1-10でも述べたように、さまざまな生物種の遺伝子数が発表されるにつれ、高等な生物種ほど遺伝子数が多いとは言い切れないことがわかってきました。

遺伝子数が少ないとされるイネでさえ約3万7千個もあったのです。トウモロコシも約3万2千個もあります。コムギにいたっては、中央アジア産の原種に比べて染色体全体が6倍に増加していますので、遺伝子数も6倍に増加し、その全遺伝子数はまだわかっていません。

<u>植物に遺伝子数が多いのは、生息環境が悪化すればその場所から移動できる動物に比べて、植物は同じ場所で一生を過ごさなけ</u>

ればならないため、さまざまな過酷な環境に耐える「耐性遺伝子」があるからと説明されています。植物は、一時的に厳しい環境に置かれた場合、その環境に応じた遺伝子を働かせて、その環境に適応することができます。

　私たち人間にとって、仕事や人間関係での「ストレス」があるのと同様に、植物が生存する上で厳しい環境要因を「環境ストレス」とよびます。環境ストレスには、強すぎる光や、光合成を阻害するような弱い光、高温や低温、大雨や日照りなどがあり、それぞれの環境ストレスに応じて、植物は働かせる遺伝子の種類を変えます。これをストレス応答といって、そのしくみを調べることは、過酷な環境でも生産性が高い作物の品種改良や、砂漠緑化による環境改善を実現するためにも必要です。

　植物が行なうストレス応答の中でも、低温ストレスに対する応答はとても興味深いものです。北海道など寒冷地で使用する車には、ラジエーターの冷却水に不凍液を混合して、低温でも凍らないように工夫してあります。そのような工夫を植物も行なうのです。

　氷の結晶は植物の細胞を突き破りますから、細胞内で氷の結晶ができてしまったら致命的です。そこで、植物は気温が下がってくると、低温耐性遺伝子を働かせて細胞内に糖やアミノ酸をたくさん含むようにします。水に砂糖などの物質を溶かすと、凝固点降下といって凍る温度が下がりますが、植物は低温ストレスに遭うと、細胞内の糖分やアミノ酸の濃度を高めることで、細胞内に氷の結晶ができないようにしているのです。

生態系にはピラミッドがある？

── 生産者と消費者の関係

　生態系では、生物種どうしが、〈食う―食われる〉関係でつながっています。このとき、生産者、消費者の数はどれくらいかというと、ほとんどの場合、生産者、第一次消費者、第二次消費者の順に数が少なくなっていきます。もしも、消費者より生産者のほうが少なかったら、エサ不足で消費者である草食動物が餓死してしまうからです。

　もちろん例外もあります。1本の木に多数の昆虫が取り付き、その木の葉を食べる場合は、生産者である植物と第一次消費者である昆虫とは、数の上で逆転します。しかし、数ではなく、その生物の重さまたはその生物のもつエネルギーでみたら、生産者のほうが消費者よりも圧倒的に大きくなります。

　このように、生産者、第一次消費者、第二次消費者、第三次消費者と食物連鎖の栄養段階が上がるにつれて、その生物種の量またはエネルギーは減少していきます。そこで、生産者を土台に、第一次消費者をその上に、第二次消費者をそのまた上に配置すると、まるでピラミッドのように上に行けば行くほど小さくなる傾向があります。これを生態ピラミッド（または生態的ピラミッド、生態系ピラミッドなど）とよびます。

それでは、生態ピラミッドは、どうして、上のほうが大きくなるなどといった逆転はしないのでしょうか。自然界では、ときに生態ピラミッドの形がいびつになることがあります。たとえば、あるとき毛虫が大量に繁殖したような場合、エサになる生産者（植物）の量が減り、その上の第一次消費者（毛虫）の量が増えます。しかし、このような場合、毛虫は植物を食い尽くして餌不足に陥り、大量に死んでしまうでしょう。あるいは、毛虫の捕食者であるカマキリや小鳥などに見つけられてほとんどが食べられてしまうかもしれません。このように、生態ピラミッドの形がいびつになったとき、生態系はそれをもとの形に復元しようとするのです。

図3 ● 生態ピラミッド

(財)日本生態系協会編著『環境を守る最新知識[第2版]』「陸の生態系ピラミッドの例」をベースに作成

9-5 生活環境の良さがその生物の運命を決める

――最適密度のはなし

　電車内や街中で人が混み合っていると何となく気分がイライラし、逆に、周りに誰もいないとさびしい気分になったりします。人が生活するには、ちょうどよい人口密度がありそうです。

　生態学でも、個体群の密度に関して最適密度があることが知られてきました。1930年代に、アメリカの生態学者ウォーダー・クライド・アリー（Warder Clyde Allee）は、生物の個体群の密度がある程度高くなると、生存率や繁殖率が高まることを見つけたのです。この現象は発見者の名前をとって**アリー効果**とよばれ、絶滅の危機にある野生動物の保全や、外来生物の駆除などに、この効果を生かすことができるのではないかとして注目を浴びています。

　たとえば、アフリカの大草原に暮らすシマウマは、個体群密度が増すと、天敵の肉食獣に狙われたとしても、たくさんいる個体のうち誰かが気付く確率が高まりますし、大勢で肉食獣の攻撃を撃退することができます。多くの個体が一緒に生活することで、繁殖率も上がります。また、イワシなどの小型の魚は大群をつくることで、大型魚に襲われて少数の個体は食べられてしまうと

しても、個体群全体としては生き延びる機会が増えることになります。

　個体群密度が高いほうが生き残りやすい例としては、海岸の岩場に生息するフジツボのケースがわかりやすいでしょう。フジツボは岩に付着しているので、貝のなかまと思われがちですが、じつはカニやエビと同じく甲殻類に属しています。その証拠に、卵からかえった幼生は、ノープリウス幼生として海中を漂いますが、その形はエビやカニの幼生とよく似ています。

　しかし、フジツボの場合、いったん岩に付着すると、そこで殻をつくって富士山のような形になり、そこで一生を過ごします。フジツボは岩場に密集していることが多く、それではエサのプランクトンの奪い合いになり、かえって生存率が低下するのではないかと思いますが、高い密度で生活するのにはひとつの大きな利点があります。

　フジツボは蔓脚類といわれるように、蔓のような脚をもっていて、体が海水に浸っている間、それを使ってまるで「招き猫がおいでおいでをする」ようにしてプランクトンを捕まえて食べています。フジツボが交尾をするときも、この蔓脚を使うのです。しかし、蔓脚の長さは決まっていますから、遠くにいる個体までは届きません。したがって、フジツボは密集していなければ、繁殖できないのです。

9-6 どうして深海にもぐるアザラシの行動パターンがわかるのか？

―― バイオロギングのはなし

　これまで、生態学のフィールドワークというと、陸上で野生動物の行動を観察することが多かったのですが、最近では、野生動物にさまざまな機器を取り付け、その機器が発信する電波を解析することで、その動物の行動がわかるようになりました。このように野生動物の身体に超小型の記録計（データロガー）を取り付け、その行動を追跡する研究のことを<u>バイオロギング（Bio-Logging）</u>といいます。

　陸上の野生動物は目で見て観察できることから、さまざまな知見が得られ、動物行動学という学問にまで発展してきましたが、海中で生活する野生動物たちの生態を調べるのは容易ではありませんでした。そのため、水族館で愛らしくヨタヨタと歩き回るペンギンや、水槽の横で寝そべる怠け者のアザラシのイメージが定着してしまったのです。しかし、つい最近になって、バイオロギングの手法を用いて、彼らの自然界での本当の姿が明らかになりつつあります。

　連続潜水記録計をペンギンやアザラシに取り付けて、自然界に放し、一定期間の後にそれを回収して、彼らの行動パターンを調

べたところ、意外な発見がありました。水族館で見る彼らの行動から予想していた水深よりはるかに深くまで潜っていたのです。たとえば、ミナミゾウアザラシでは水深 1200m にまで潜り、潜水時間は連続 2 時間にも達しました。コウテイペンギンは水深 530m の深さに 20 分も潜っていたのです。アザラシは哺乳類ですから、私たちと同様に肺で呼吸しています。それにもかかわらず、こんなに深い水深まで潜り、潜水時間も 2 時間を超えるとは、潜水中はどのようにして酸素を補給していたのかなど、さまざまな疑問が湧いてきます。

9-7 汚染物質の生物濃縮

―― 環境ホルモンとは何か？

　ホルモンは、私たちの体内のある臓器でつくられ、血液中を通って他の臓器に運ばれて何らかの情報を伝える化学物質のことです。ホルモンは血液中に分泌されることから、ホルモンを扱う学問は内分泌学とよばれます。

　1960年代以降、世界的に高度成長期を迎え、さまざまなプラスチックや薬品など何万種類という有機化合物が人工的に合成されるようになりました。それらの多くは、これまで自然界に存在しなかったため、野生動物に有害な作用をする物質もあることがわかってきました。

　特に、ゴミなどを燃やすと発生するダイオキシンや有機塩素系の殺虫剤DDT（Dichloro-diphenyl-trichloroethane：ジクロロジフェニルトリクロロエタン）、PCB（ポリ塩化ビフェニール）は、体内に入るとホルモンと似た作用を及ぼし、内分泌系をかく乱する可能性が高いとして、<u>内分泌かく乱物質（別名：環境ホルモン）</u>と名付けられました。ほかにも、プラスチックの原料となるビスフェノールAは、高濃度に存在すると魚類にメス化する作用があることがわかりました。

　これらの物質は、水に溶けにくく脂肪組織に蓄積しやすい性質

があるので、食物などを通していったん体内にとり込まれるとなかなか排出されないのです。そのため、海洋生態系では、植物プランクトン→動物プランクトン→イワシなどの小魚→マグロなどの大型魚という食物連鎖を経ていくうちに、植物プランクトンには低濃度しか含まれていなかったとしても、栄養段階が上がるにつれて、体内の環境ホルモン濃度が上昇し、大型魚では生存にかなり悪影響が出るくらいの環境ホルモンが蓄積されていることがあります。この現象を<u>生物濃縮</u>といって、野生動物の数が減少する原因の1つにもなっています。

表1 ● 代表的な内分泌かく乱物質（環境ホルモン）

化学物質名	用途	作用
ダイオキシン類	農薬副生物・ゴミ焼却	抗エストロジェン・内分泌かく乱
PCB	難燃剤	エストロジェン
DDT	農薬	エストロジェン
DDE (DDTの代謝物)		抗アンドロジェン
クロルデコン	農薬	エストロジェン
メトキシクロール	農薬	エストロジェン
ビンクロゾリン	農薬	抗アンドロジェン
ノニルフェノール	界面活性剤	エストロジェン
ビスフェノールA	樹脂原料	エストロジェン
ベンジルブチルフタル酸	樹脂可塑剤	抗アンドロジェン
クメストロール	植物ホルモン	エストロジェン

エストロジェンは女性ホルモン、アンドロジェンは男性ホルモンのこと。

壊れた生態系を回復させるには?

―― 理想的なビオトープのはなし

　近年、私たちの生活空間を自然環境と融合する試みが盛んに行なわれるようになってきました。新しい分譲マンションや分譲住宅の中には、自然環境に配慮するものも増えてきましたし、建物の屋上や壁面に植物を植えて、気温を下げる試みなども行なわれています。

　生物群集の生活空間のことをドイツ語で**ビオトープ (biotop)** といいますが、日本では、生物が住みやすいように環境を変えることを指す言葉として注目されています。それでは、私たちが理想とするビオトープとはどのようなものでしょうか。美しい外国産の花が咲き乱れ、おいしい果物が実り、まるで桃源郷を思わせるものでしょうか。

　たとえば、日本国内で西欧風の庭を造って外国産の美しい花々で満たそうとします。これらの植物にとって原産地とは環境が異なるので、人間がずっと世話をし続けなければなりません。世話をする人がいなくなると、これらの植物の多くは日本の自然環境になじむことなく枯れてしまうことでしょう。

　外国から来た動植物を外来種といいますが、その中には、たま

たま日本の気候に適応して、天敵がいないため急激にその数を増やす生物種がいます。ところが、こうした外来種は、日本に昔から生息していた動植物（在来種）のニッチを奪い、在来種を絶滅に追いやることもあります。たとえば、秋に黄色い房のような花を咲かせるセイタカアワダチソウはもともと北米が原産地でしたが、日本各地の空き地などにはびこり、他の植物を駆逐してしまいましたし、セイヨウタンポポも開発の進んだ場所を選んで増え続け、都市部では日本古来のニホンタンポポをほとんど見かけなくなりました。空き地に生える雑草の多くは外来種で、日本古来の植物はあまり見かけません。

一方、河川では、釣り人などによってオオクチバスやコクチバス、ブルーギルなどの外来種が、外国からもち込まれて放流されると、旺盛な食欲でメダカやタナゴなどの在来種を食べつくし、河川の生態系を大きく変えてしまっています。また、都市近郊の山林に目を転じてみると、タイワンリスやアライグマ、マングースなどの外来種が増え、在来種のニッチを奪うため、ニホンリスやタヌキ、キツネなどの生息が脅かされています。そればかりか、野生化したアライグマは、農作物を荒らしたり、家に穴を開けて屋根裏に巣をつくってみたり、人間に危害を加えたりするなど、さまざまな弊害が出ています。

それでは、理想のビオトープをつくるにはどうしたらよいでしょうか。その場所にもともとあった環境を整えた上で、その場所に生えていた植物を植え、近くの山林などの自然環境と「コリドー」という自然環境に満ちた通路でつなげることが大切だといわれています。

河川の川底や岸辺がコンクリートで覆われていると、葦などの水生植物が生えることができないので、生態系ができにくくなります。そこで、近頃では、河川の洪水対策はしっかりと行ないながらも、川底や岸辺に水生植物が定着できるように、コンクリートをはがして自然状態に近い環境に復元することが多くなっています。

一方、陸地では、もともとその場所にあった植物を植えて自然環境を復元すると、人間が特に世話をしなくても自然に昆虫などの動植物がビオトープにやってくるようになり、安定した生態系ができ上がります。植物が大地に根を張れば、大雨が降っても土砂崩れは少なくなり、日照りが続いても土ぼこりが舞い上がらないようになります。

日本の在来種は、それぞれの生物種が自分のニッチをもち、他の動植物と食物連鎖などを通じて密接なつながりがあります。そのため、その地域から一度はいなくなった昆虫でも、山林など他の地域からやってくることがあります。昆虫が増えれば、それを食べる小鳥やネズミなどの小型の哺乳類が増え、それを食べるワシ・タカなどの猛禽類も訪れるようになり、生物種の豊富な生態系が復活するのです。

このような環境は、私たち人間にとっても住みやすい環境といえます。夏は、植物が光合成を行なうことで気温が下がり、木々によって日陰ができ、河川にはメダカのような小魚がいるので蚊の幼虫のボウフラが大量に繁殖できず、蚊に追いかけられることもなくなるからです。

図 4 ● 理想的なビオトープ

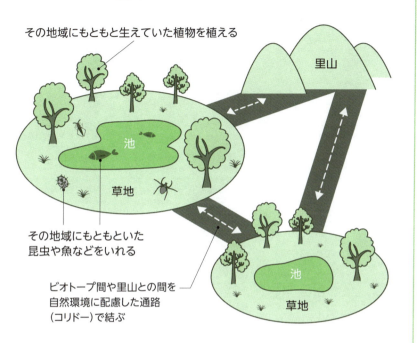

その地域にもともと生えていた植物を植える

その地域にもともといた昆虫や魚などをいれる

ビオトープ間や里山との間を自然環境に配慮した通路（コリドー）で結ぶ

里山

池

草地

池

草地

理想的なビオトープは、もともとその場所に生息していた動植物を利用するのがよいといわれている。そして、ビオトープどうしをコリドー（通路）でつなぐことも大切。

さくいん

欧文・数字

2R仮説	38
AMP	91
ANP	94
ATP	14,90
CT	202
DNA	22,50,82
DNAシークエンサー	124
DNAの全塩基配列	36
DNAリガーゼ	112
DNA二重らせん	102
ES細胞	158
GMO	113
Gタンパク質共役型受容体	197
Homo sapiens	212
Hoxクラスター遺伝子	151
iPS細胞	158
MRI	202
mRNA	22,50
PCR法	118
PET	202
RNA	16,84
RuBP	176
Scientific name	211
SNP	127
TCA回路	166
X線コンピュータ断層撮影	202
ZPA	153

あ行

アーキバクテリア	21
青いバラ	115
アクチビン	147
アクチンフィラメント	57
アセチルコリン	188
アセトアルデヒド	129
アゾトバクター	178
アデニン（A）	14,83
アデノシン三リン酸	14,90
アノマロカリス	30
アブシシン酸	98
アフリカ	42
アフリカツメガエル	137
アベリー，オズワルド	106
アポトーシス	154
アミノ酸	12,79
アミラーゼ	78
アリー効果	244
アルコール発酵	171
アルデヒド脱水酵素2型	129
アンテナペディア遺伝子	110,149
アンモニア	179
イオンチャンネル	187
異化	163
維管束植物	66
イクオリン	173
一塩基多型	127
遺伝子組み換え技術	117
遺伝子組み換え作物	113
イントロン	22
ヴィワクシア	30
エコシステム	234
エタノール	172
エチレン	98
エディアカラ生物群	24
エネルギー代謝	162
塩基	82

か行

エンザイム	165
延髄交差	191
エンドウマメ	103
横紋筋	182
大型放射光施設Spring8	61
オーガナイザー	146
オーキシン	97
オーダーメイド医療	125
オキサロ酢酸	168
オストロム，ジョン	39
オドントグリフィス	31
オパビニア	31
ガードン，ジョン・B	136
外呼吸	166
解糖系	166
外胚葉	140
外胚葉性頂堤	153
外来種	224
外来生物法	225
化学合成細菌	18,180
化学物質	12
蝸牛	190
核	50
核磁気共鳴画像	202
学名	211
化合物	12
下垂体	94
花成ホルモン	98
活性化エネルギー	165
カドヘリン	141
鎌状赤血球貧血症	117
カルシウムイオン	184
カルタゲナー症候群	69
カルニオディスクス	24
カルビン・ベンソン回路	176
カルビン回路	176
がん遺伝子	123
環境ストレス	241
環境ホルモン	248
桿細胞	193
カンブリア紀	25
カンブリア爆発	29
帰化植物	224
器官	63
器官系	67
基質	165
基質特異性	165
嗅覚受容体	196
極性化活性体	153
筋原線維	183
筋小胞体	184
金属元素	89
菌類	214
グアニン（G）	83
クエン酸回路	166
クラリティー法	201
グリセリン	86
クリック，フランシス	102,107
グリパニア・スピラリス	23
クレアチン	91
クローン	155
クローン猿	157
クローン人間	157
クロストリジウム	178
クロマチン繊維	61

さ行

クロマニョン人	43
クロロフィル	175
形成体	146
珪藻	74
ケイ素	74
ゲノム解析	41
ゲノム重複	38
ゲノム編集	116
原核細胞	48
原核生物	18,21
嫌気性細菌	18
原口	140
原始生命	15
原腸胚	139
高エネルギーリン酸結合	90
光合成	163
光合成細菌	18
後成説	135
酵素	164
国際自然保護連合	219
古細菌	21
ゴルジ体	49,54
コルティ器	191
根粒菌	178
細胞共生説	19
細胞呼吸	166
細胞骨格	56
細胞性粘菌	215
細胞の分化	136
細胞分裂	59
細胞膜	15
サンガー法	121
サンクタカリス	30
三重結合	74
酸素	17
肢芽	153
色素上皮層	193
軸索	186
視交叉上核	204
自己分泌	92
脂質二重層膜	15,87
耳小骨	190
磁性細菌	199
始祖鳥	39
シトシン（C）	83
シナプス	64,185,188
シナプス間隙	188
ジベレリン	97
脂肪	86
脂肪酸	86
下村脩	174
種の保存法	219,222
シュペーマン，ハンス	144
松果体	204
ショウジョウバエ	108
小進化	35
小胞体	54
縄文人	128
初期化	137
初期原腸胚	145
触媒	165
植物ホルモン	96
食物網	236
食物連鎖	236
深海	17

真核細胞……………19,48
真核生物……………18
神経管……………140
神経細胞体……………186
人工多能性幹細胞……………158
真正細菌……………21
心房性ナトリウム利尿ペプチド……94
錐体細胞……………194
水素伝達系……………166,170
錐体……………195
睡眠ホルモン……………204
ストレス応答……………241
スバールバル全地球種子庫……231
スプリギナ……………24
制限酵素……………111
静止電位……………186
生態系……………234
生体触媒……………165
生態ピラミッド……………242
性フェロモン……………94
生物時計……………204
生物濃縮……………249
生命の起源……………14
生理活性物質……………92
赤外線……………193
脊索動物……………36
脊椎動物……………36
絶滅危惧種……………218,220
セルラーゼ……………78
セロトニン……………99
前成説……………134
全能性……………136
繊毛……………27
桑実胚……………139
相補的塩基対……………84
ゾウリムシ……………47
組織……………63
組織系……………66
ソニックヘッジホッグ……………154

た行 ▶ ダーウィン，チャールズ……34
体細胞……………155
体細胞クローン……………155
体細胞分裂……………60
代謝……………162
大進化……………35
耐性遺伝子……………241
大絶滅（大量絶滅）……………32
多細胞生物……………23
脱分極……………186
縦波……………190
多能性……………136
ダルベッコ，リナート……………123
単細胞生物……………26
炭酸ナトリウム……………13
炭水化物……………77
窒素固定……………178
チミン（T）……………83
中黄卵……………148
中胚葉……………140
聴覚野……………191
跳躍伝導……………188
チンパンジー……………41,126
ディッキンソニア……………24
デオキシリボース……………82
デオキシリボ核酸……………82
電気泳動法……………122

電磁波……………192
電波……………192
同化……………163
ドーサル……………149
ドーパミン……………99
特定外来生物……………225
トリプラキディウム……………24
トロポニン……………184

な行 ▶ 内呼吸……………166
内臓逆位……………69
内胚葉……………140
内分泌かく乱物質……………248
二酸化炭素……………13
二重結合……………74
二重らせん構造……………83,107
ニッチ……………237
ニトロゲナーゼ……………179
ヌクレオソーム……………22,51,61
ネアンデルタール人……………43
熱水噴出孔……………18
粘菌……………215
脳下垂体……………94

は行 ▶ バージェス動物群……………30
肺炎レンサ球菌……………107
バイオロギング……………246
媒質……………190
胚性幹細胞……………158
媒体……………190
馬鹿苗病……………97
バクテリア……………49
発酵……………171
パッチクランプ法……………200
ハビタット……………237
ハルキゲニア……………31
半保存的複製……………84
ヒアリ……………227
ビオトープ……………250
ピカイア……………30
尾芽胚期……………145
ビコイド……………148
ヒストン……………22
ビッグファイブ……………33
羊のドリー……………155
ピット器官……………206
ヒト……………211
ヒトゲノム計画……………36,123
ヒトゲノム国際機構……………124
表割……………148
ピリミジン……………14
ファージ……………47
フィラメント……………56
フェロモン……………93
フォークト……………144
フック，ロバート……………46
物質代謝……………162
太い繊維……………182
ブドウ糖……………77
フリーラン……………204
プリン……………14
ブルーライト……………204
プロテアソーム……………54
分子シャペロン……………54,80
壁龕……………238
ペプチド結合……………79
ヘモグロビン……………88
鞭毛……………27

放射線……………192
胞胚……………139
傍分泌……………92
細い繊維……………182
ホットスポット……………210
ホムンクルス……………134
ホメオーシス……………149
ホメオティック選択遺伝子……………149
ホメオボックス……………150
ポリメラーゼ触媒連鎖反応……………118
ホルモン……………92

ま行 ▶ マグネトソーム……………199
味覚受容体……………198
道しるべフェロモン……………94
ミトコンドリア
　……………19,41,49,52,126
耳の構造……………189
ミラー，スタンリー……………13
ミラーの実験……………13
無機物……………12
目の構造……………192
メラトニン……………204
メンデル，グレゴリー……………102
メンデルの法則……………105
網膜の構造……………193
モーガン，トーマス……………108

や行 ▶ 薬剤耐性……………35
薮田貞次郎……………97
弥生人……………128
有機物……………12
有髄神経……………187
優性……………104
誘導……………146
有毛細胞……………191
ユーリー，ハロルド……………13
陽電子断層撮影……………202
葉緑体……………175
横波……………190
予定運命……………144
予定された細胞死……………154

ら行 ▶ 卵割……………138
ランゲア……………24
藍藻……………18
ランビエ絞輪……………187
リソソーム……………49
リボ核酸……………84
リボソーム……………49
リポソーム……………16
緑色蛍光タンパク質……………173
リン酸……………82
リン脂質……………87
リンネ……………211
ルシフェラーゼ……………173
ルシフェリン……………173
ルビスコ……………176
レセプター……………196
レチナール……………194
劣性……………104
レッドデータブック……………219
レッドリスト……………219
レプチン……………94
レフティー……………70
ロレンツィーニ器官……………206

わ行 ▶ ワシントン条約……………220
和田昭允……………123
ワトソン，ジェームズ……………102,107

著者紹介

大石 正道（おおいし・まさみち）
1984年、筑波大学第二学群生物学類卒業。
1989年、筑波大学大学院生物科学研究科生物物理化学専攻博士課程修了。
理学博士。米国サウスカロライナ大学リサーチ・アシスタント・プロフェッサーを経て、1991年、北里大学（衛生学部生物科学科助手）。
1994年、理学部設立とともに理学部へ転勤。2003年4月より理学部物理学科生物物理学講座専任講師。
2016年4月〜2018年3月、日本電気泳動学会会長。
〈著書〉
『現代用語の基礎知識』（自由国民社）の「生物・動物用語」を毎年担当。『ホルモンのしくみ』『ヒトゲノムのしくみ』（日本実業出版社）、『図解雑学 遺伝子組み換えとクローン』ナツメ社など。

「生物」のことが一冊でまるごとわかる

2018年 5月 25日	初版発行
2024年 6月 6日	第4刷発行

著者	大石 正道
カバーデザイン・図版・DTP	三枝 未央

©Masamichi Oh-Ishi 2018. Printed in Japan

発行者	内田 真介
発行・発売	ベレ出版
	〒162-0832　東京都新宿区岩戸町12 レベッカビル
	TEL.03-5225-4790　FAX.03-5225-4795
	ホームページ　http://www.beret.co.jp/
	振替 00180-7-104058
印刷	モリモト印刷株式会社
製本	根本製本株式会社

落丁本・乱丁本は小社編集部あてに送りください。送料小社負担にてお取り替えします。
本書の無断複写は著作権法上での例外を除き禁じられています。購入者以外の第三者による本書のいかなる電子複製も一切認められておりません。

ISBN 978-4-86064-546-5 C0045　　　　　　　　　　　　編集担当　坂東一郎